高等职业教育系列教材

COMPUTER TECHNOLOGY

Vue.js 跨平台
开发基础教程

主编 | 刘培林　赵　伟　申燕萍
参编 | 洪华军　李　美　卫　梦
主审 | 史荧中

机械工业出版社
CHINA MACHINE PRESS

本书以培养前端工程师为目标，基于工作任务模式进行编写，全面讲解了 Vue.js 开发的知识。

　　本书共 10 个模块。模块 1～3 介绍 Vue 框架的基础知识，包括开发环境、Vue 构造器基本选项、Vue 指令，学习 Vue 的基础知识。模块 4 介绍 Vue 过渡，包括基于 CSS 过渡与动画的过渡，以及 Vue 与一些主流动画库的结合应用，初步了解 Vue 的通用性与先进性。模块 5 介绍 Vue 复用，为 Vue 组件与复杂应用开发奠定基础。模块 6 介绍 Vue 自定义组件，组件是 Vue 的核心，自此开始 Vue 重点与难点知识的学习。模块 7 介绍 Vue 路由，路由是单页面应用的基石，也是 Vue 的核心插件，插件在 Vue 中占有非常重要的地位。模块 8 介绍 Vue CLI，包括搭建 CLI 脚手架项目，并对模块 7 中的路由工作任务进行了重构，巩固路由的学习，并引入了企业开发技术。模块 9 介绍 Vuex 与 Axios，介绍 Vue 开发的实用技术。模块 10 介绍 Vue 与 element-ui 的结合应用，拓展 Vue 的应用与介绍，完整实践企业 Vue 项目开发，全面训练岗位技能，培养职业素养。

　　本书可作为应用型本科与高职高专院校 Vue 前端开发技术或跨平台开发课程的教材；也可作为前端开发技术人员的技术参考资料、培训用书或自学参考书。

　　本书配有微课视频，读者扫描书中二维码即可观看；在智慧职教建有在线开放课程，读者可以免费注册，审核通过后在线学习；还配有丰富的教学资源包，包含电子课件、习题答案及源代码等，需要的教师可登录机械工业出版社教育服务网（www.cmpedu.com）免费注册，审核通过后下载，或联系编辑索取（微信：13261377872，电话：010-88379739）。

图书在版编目（CIP）数据

Vue.js 跨平台开发基础教程 / 刘培林，赵伟，申燕萍主编 . —北京：机械工业出版社，2022.11（2024.7 重印）

高等职业教育系列教材

ISBN 978-7-111-71755-3

Ⅰ. ①V… Ⅱ. ①刘… ②赵… ③申… Ⅲ. ①网页制作工具-程序设计-高等职业教育-教材 Ⅳ. ①TP393.092.2

中国版本图书馆 CIP 数据核字（2022）第 186964 号

机械工业出版社（北京市百万庄大街 22 号　邮政编码 100037）

策划编辑：王海霞　　责任编辑：王海霞
责任校对：张艳霞　　责任印制：张　博

北京建宏印刷有限公司印刷

2024 年 7 月第 1 版·第 3 次印刷
184mm×260mm·14 印张·362 千字
标准书号：ISBN 978-7-111-71755-3
定价：59.00 元

电话服务

客服电话：010-88361066
　　　　　010-88379833
　　　　　010-68326294

封底无防伪标均为盗版

网络服务

机　工　官　网：www.cmpbook.com
机　工　官　博：weibo.com/cmp1952
金　书　网：www.golden-book.com
机工教育服务网：www.cmpedu.com

Preface
前　言

本书以培养前端工程师为目标，基于工作任务模式进行编写，融合了编者多年的教学实践和改革经验，全面讲解了 Vue.js 开发的知识。全书共 10 个模块，每个模块包含 2～4 工作任务，围绕2～4 个知识点展开。本书具有以下特点。

1）精心设计教学案例，全面训练网站前端设计和开发能力。全书围绕典型网站的典型页面设计展开，每个模块设计若干个典型工作任务。工作任务具有相对的独立性，同时兼顾系统性，知识讲授主要围绕通用的和学生更为熟悉的用户管理模块设计，根据知识内容需要简单设计了电子商务购物车和商品搜索功能；综合实训由企业一线工程师按照企业开发模式开发，进一步完善了购物车设计，增加了商品管理模块。两者共同完成了通用电子商务系统的设计与实现，全面进行了岗位能力训练。

2）工作任务设计遵循软件项目规范，强调认知规律，在潜移默化中提升职业素养。任务开头提出学习目标，对应软件项目的需求分析，符合带着问题学的认知规律；接下来讲授基本知识点，对应软件项目开发的技术分析，并针对知识点重难点给出实例，符合知识学习反复训练的认知要求；最后基于知识点设计和实施工作任务，对应软件项目的设计与编码实施，升华知识点的学习，培养创新精神，遵循知识学习举一反三的认知规律；针对个别复杂的任务给出测试步骤，对应软件项目的测试环节。每一个工作任务都较为完整地实践了软件项目的基本开发过程，将职业素养融入其中。

3）知识点讲授采用两种模式。针对琐碎、没有关联的知识点，将其聚焦于一个个有趣的应用场景，用一个个有趣的工作任务贯穿知识点，解决了知识点分散和学习的有趣性问题，同时解决了知识点具有真实应用场景的问题；针对复杂、具有一定难度的知识点，用简单例子引入，精心梳理知识点的逻辑关系，循序渐进地介绍知识点，同时深化例子，使知识讲授与例子完善同步完成，降低学习的难度。

4）模块设计注意知识的循序渐进，同时关注知识点的聚焦问题和模块的规模。每个模块设计2～4 个工作任务，工作任务基本按 2 个学时设计，一个任务覆盖一个大的知识点，又分解为 3～4 个小的知识点进行讲解，任务设计合理，符合学习认知规律。每个模块 6～8 个学时，模块内容充实，知识点数量、组织、安排合理，重点突出，难点层层递进，不断深化，也符合学习认知规律。

5）每个模块开头列出学习目标，结尾用思维导图整理知识点，教学目标明确，知识点总结详细，方便了教师的教学和学生的总结复习。每个模块都配有习题与实训，便于教师检验学习效果和学生总结升华。在职业教育专业教学资源库建有在线开放课程，课程名为"Vue 前端框架技术"，注册后可以免费学习。

为加快推进党的二十大精神进教材、进课堂、进头脑。在任务和示例设计中，介绍了载人潜水器、中国诗词、中国节日等，突出展示了社会主义核心价值体系的内核和中华优秀传统文化，牢固树立中国特色社会主义道路自信、理论自信、制度自信、文化自信。

本书可用于 32、48、64 课时的教学，详见表 1 安排，不同课时的教学计划以及相关教学资源包可以从机械工业出版社教育服务网下载。

表 1　课时安排建议

章节	32 课时	48 课时	64 课时
模块 1 Vue 概述	2	2	2
模块 2 Vue 实例	8	8	8
模块 3 Vue 指令	8	8	8
模块 4 Vue 过渡	8	8	8
模块 5 Vue 复用	6	6	6
模块 6 Vue 自定义组件	0	8	8
模块 7 Vue 路由	0	8	8
模块 8 Vue CLI	0	0	6
模块 9 Vuex 与 Axios	0	0	6
模块 10 电子商务系统	0	0	4
合计	32	48	64

本书由无锡职业技术学院刘培林、卫梦，大连东软信息学院赵伟，常州工业职业技术学院申燕萍，中国船舶科学研究中心洪华军、李美共同编写完成。全书由刘培林统稿，无锡职业技术学院史荧中主审。在编写过程中，本书得到了编者所在单位领导和同事的帮助与大力支持，同时也参考了一些优秀的网页设计书籍和网络资源，在此表示由衷的感谢。

由于编者水平所限，书中不足之处在所难免，欢迎广大读者批评指正。

编　者

目 录 Contents

模块 4 ／ Vue 过渡 ································ 62

模块 5 ／ Vue 复用 ································ 84

模块 9 / Vuex 与 Axios ························· 163

模块 10 / 电子商务系统 ························· 181

附录 **211**

参考文献 **214**

模块 1　Vue 概述

【学习目标】

知识目标

1）了解 Vue 的发展历史与优势。

2）理解 MVVM 模式。

3）熟悉 Vue 应用程序的开发环境。

4）掌握 Vue 应用程序的创建与开发步骤。

能力目标

1）具备描述 Vue 应用程序特点的能力。

2）具备创建与调试 Vue 应用程序的能力。

素质目标

1）具有使用 HBuilderX 开发 Vue 应用程序的素质。

2）具有创新精神。

任务 1.1　了解 Vue 基础知识

1.1.1　前端开发概述

随着前端技术的发展，纯粹的 HTML+CSS+JavaScript 已经不能完全满足应用的需要，特别是针对大型的网站，代码量巨大，开发也会非常复杂，因此，前端框架的概念与体系应运而生。框架能够封装功能，基于组件技术可以大大优化和简化应用程序的开发。前端框架一般是指用于简化网页设计的框架，往往会封装一些网页开发的功能，如 BootStrap 框架封装了大量的样式，能够简化 CSS 的设计，提供各种漂亮的控件（如按钮、表单等）和实用的网站开发技术（如菜单设计、轮播等技术）。目前，市场三大前端主流框架分别是 AngularJS、React 和 Vue。

1）AngularJS 诞生于 2009 年，由 Misko Hevery 等人创建，后被 Google 公司收购，是一个应用设计框架与开发平台，用于创建高效、复杂、精致的单页面应用。AngularJS 通过新的属性和表达式扩展了 HTML，实现了一套框架在多种平台（移动端和桌面端）的应用。它有诸多特性，最为核心的是 MVVM 模式、模块化、自动化双向数据绑定、语义化标签、依赖注入等。

2）React 是用于构建用户界面的 JavaScript 库，起源于 Facebook 公司的内部项目，用于架设 Instagram 的网站，于 2013 年 5 月开源。React 主要用于构建 UI，可以在 React 中传递多种类型的参数，如渲染 UI、传递静态 HTML DOM 元素、动态变量，以及可交互的应用组件等。

3）Vue 的早期开发灵感来源 AngularJS，于 2014 年上线，它解决了 AngularJS 中存在的许多问题。秉承了 AngularJS 和 React 两个框架的优势，代码简洁、上手容易，上市后即在市场上得到了广泛的应用。

三个框架的简单比较如表 1-1 所示。

表 1-1　AngularJS、React 和 Vue 比较

比较的项目	AngularJS	React	Vue
应用类型	Native 应用程序、混合应用程序和 Web 应用程序	SPA 和移动应用程序	高级 SPA 和 Native 应用程序
应用场景	大规模、功能丰富的应用程序	iOS、Android 现代 Web 开发和原生渲染应用程序	Web 开发和单页面应用程序
开发特色	基于结构的框架	开发环境具有灵活性	分层开发
开发模型	基于 MVC（模型-视图-控制器）架构	基于 Virtual DOM（文档对象模型）	基于 Virtual DOM（文档对象模型）
社区支持	庞大的开发者和支持者社区	Facebook 开发者社区	开源项目，通过众包赞助
语言首选项	TypeScript	JSX-JavaScript XML	HTML 模板和 JavaScript
使用的公司	Google、Forbes、Wix 和 weather.com	Facebook、Uber、Netflix、Twitter、Reddit、Paypal、Walmart 等	阿里巴巴、百度、GitLab 等

1.1.2　Vue 创始人介绍

Vue.js 的作者是尤雨溪，也是 Vite 的作者和 HTML5 版 Clear 的打造人，是独立开源开发者，曾就职于 Google Creative Labs 和 Meteor Development Group，大学所学专业是室内艺术和艺术史，硕士所学专业是美术设计和技术，读硕士期间偶然接触到了 JavaScript，并被这门编程语言所深深吸引，工作中接触了大量的开源 JavaScript 项目，因而也走上了开源之路，开启了自己的前端生涯。他于 2014 年 2 月开发了 Vue.js 前端开发库，现全职开发和维护 Vue.js。

1.1.3　什么是Vue

Vue（读音/vju: /，音同 view）是一套用于构建用户界面的渐进式框架，可以自底向上逐层应用。其核心库只关注视图层，易于上手，便于与第三方库或既有项目整合。与现代化的工具链以及各种支持类库结合使用时，Vue 能够完全为复杂的单页应用提供驱动。

 建议在学习 Vue 前先学习 HTML、CSS 和 JavaScript 中级的知识。

Vue.js 提供了一个 MVVM（Model View ViewModel 的简写）模式的双向数据绑定 JavaScript 库。MVVM 是 Presentation Model 设计模式的演变，与 Presentation Model 一样，MVVM 抽象了视图（View）的状态和行为，但是，简化了用户界面的事件驱动编程方式，更专注于 View 层。其核心是 MVVM 中的视图模型（ViewModel，VM）层，VM 负责连接视图层和模型层（Model），提供对 View 和 Model 的双向数据绑定，能够保证视图和数据的一致性，让前端开发更加高效、便捷。

MVVM 模式如图 1-1 所示，Vue 实际对应其中的 VM，因此，在官方文档中经常可以看到使用 vm 这个变量名来表示 Vue 实例。视图层定义用户界面，负责将数据模型转化为视图展现出来。模型层管理数据，可以定义数据修改和操作的业务逻辑。视图模型层连接视图和

模型，通过双向数据绑定将视图层和模型层连接起来，视图层通过视图模型层从模型层获取数据并进行显示，模型层通过视图模型层获取视图层数据并进行处理。通过视图模型层，视图层和模型层数据实现了自动同步，开发者不再需要手动操作 DOM，只需要关注业务逻辑即可，复杂的数据状态维护交给 MVVM 来统一管理，大大简化了应用的开发。

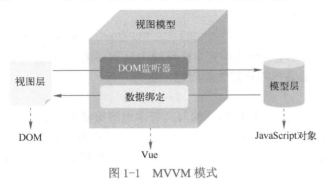

图 1-1　MVVM 模式

1.1.4　Vue 的优势

1．Vue 与 React

Vue 和 React 有许多相似之处，都使用 Virtual DOM，都提供了响应式（Reactive）和组件化（Composable）的视图组件，将其他功能如路由和全局状态管理交给相关的库，从而能够将开发者的注意力集中在核心库。鉴于其众多的相似处，这里对其进行简单的比较。

（1）运行时性能

Vue 和 React 运行都非常快，都具有优秀的运行性能，但是优化方面有区别。React 的某个组件状态发生变化时会以该组件为根，重新渲染整个组件子树，想要避免不必要的子组件重渲染，就需要使用 PureComponent 或实现 shouldComponentUpdate 方法，而且有限定条件，如可能需要使用不可变的数据结构、保证组件的整个子树渲染输出都由组件的 props 决定等，组件的优化非常复杂。Vue 组件的依赖在渲染过程中能自动追踪，系统能够精确知道哪个组件需要重新渲染，开发者不需要考虑此类优化，从而能够更好地专注于应用本身。

（2）HTML 与 CSS

React 中一切都是 JavaScript，HTML 可以用 JSX 来表达，CSS 也越来越多地被纳入到 JavaScript 中来处理，因此学习 React 就需要掌握相关语法。Vue 的整体思想是拥抱经典 Web 技术，并在其上进行扩展，对于很多习惯了 HTML 的开发者来说，开发更为自然，且基于 HTML 的模板使得将已有的应用迁移到 Vue 更为容易。针对组件作用域内的 CSS，React 通过 CSS-in-JS 的方案实现 CSS 作用域，与普通 CSS 撰写过程不同，引入了新的面向组件的样式范例。Vue 设置样式的默认方法是单文件组件（类似 style 属性的标签），样式设置更为灵活，通过 vue-loader 可以使用任意预处理器、后处理器，甚至可以将 CSS Modules 深度集成在<style>标签内，使用更为方便。

（3）规模

向上扩展方面，Vue 和 React 都提供了应对大型应用的强大路由。React 提供了 Flux、Redux 等状态管理模式，这些模式可以非常容易地集成在 Web 应用中，Vue 拓展了状态管理模式（Vuex），开发体验更好。Vue 还提供了 CLI 脚手架，通过交互式的脚手架可以方便地构建项目和快速开发组件原型，React 的 create-react-app 尚存在一些局限性。

向下扩展方面，React 的学习曲线陡峭，开始学 React 前需要知道 JSX 和 ES2015，Vue 向下扩展后类似于 jQuery，只需要引入类库就可以运行程序，可以是本地类库，也可以是在线类库。以下代码引入在线类库。

```
<script src="https://cdn.jsdelivr.net/npm/vue"></script>
```

特别是将 Vue 开发环境代码应用到生产环境中只需要用 min 版 Vue 文件替换开发环境的 Vue 类库文件即可，不需要担心其他性能问题，更为方便。

（4）原生渲染

React Native 能使用相同的组件模型编写具有本地渲染能力的 App（iOS 和 Android），能同时跨多平台开发，开发效率非常高。Vue 和 Weex 进行了官方合作（Weex 是阿里巴巴发起的跨平台用户界面开发框架），允许使用 Vue 语法开发可以运行在浏览器端、iOS 和 Android 上的原生应用组件。

2. Vue 与 AngularJS

AngularJS 是 Vue 早期开发的灵感来源，Vue 的一些语法和 AngularJS 很类似，这里也对其进行简单比较。

（1）复杂性

在 API 与设计上，Vue.js 都比 AngularJS 简单得多。

（2）灵活性和模块化

Vue.js 是一个更加灵活、开放的解决方案，允许以任意方式组织应用程序，提供了 Vue CLI 搭建应用项目，能够使多样化的构建工具通过妥善的默认配置无缝协作，节约了用户在配置上的时间花费。同时还提供配置的灵活性，方便特殊的应用搭建需求。AngularJS 需要遵循 AngularJS 制定的规则，灵活性不及 Vue。

（3）数据绑定

AngularJS 使用双向数据流，Vue 使用单向数据流，应用中的数据流更加清晰易懂。

（4）指令与组件

Vue 中的指令和组件划分更为清晰，指令用于封装 DOM 操作，组件是一个具有视图和数据逻辑的独立单元。AngularJS 中每件事都由指令来做，组件是一种特殊的指令，Angular（Angular 2）采用了和 AngularJS 完全不同的框架，也具有优秀的组件系统。

（5）运行时性能

Vue 使用基于依赖追踪的观察系统，队列异步更新，所有数据变化独立触发，不使用脏检查，具有更好的性能，非常容易优化。AngularJS 中 watcher 增加时会变得越来越慢，特别是一些 watcher 触发另一个更新时，脏检查循环（digest cycle）可能需要运行多次，效率会非常低。

3. Vue 的优势

通过前面的比较，可以简单总结 Vue 的优势如下。

1）Vue 是一款轻量级框架，使用相对简单、直接，学习成本低，更加友好。

2）Vue 可以进行组件化开发，将数据与结构进行了分离，代码量更少，开发效率更高。

3）Vue 是一个 MVVM 框架，可以实现数据双向绑定，使视图和数据同步变化，在进行表单处理时非常方便。

4）Vue 是单页面应用，使用路由进行页面局部刷新，不必每次都请求数据，加快了访问速度，提升了用户体验。

5）Vue 使用虚拟 DOM，浏览器不必多次渲染 DOM 树，页面更为流畅，用户体验更好。

6）Vue 的运行速度更快，性能更为优化。

任务 1.2　熟悉 Vue 项目开发环境

设计一个如图 1-2 所示的简单 Vue 项目，程序运行后显示 "Hello Vue!" 信息。

图 1-2　Hello Vue 项目

1.2.1　编辑器概述

Vue 技术从大的方面可以分为两个部分，即基础知识和插件技术，本书前 6 个模块介绍 Vue 开发基础知识，为了学习容易起见，使用简单 Vue 项目介绍。在简单 Vue 项目中，直接将 Vue 代码嵌入在 HTML 文档中即可运行。HTML 文档运行在浏览器中，常用的文本编辑器都可以用于开发 HTML 文档，但是，使用专用编辑器开发效率更高，主流编辑器包括 HBuilder、VSCode 和 Dreamweaver 等，本书使用 HBuilder 的下一代版本 HBuilderX。相较于 HBuilder，HBuilderX 功能更为强大，开发 Vue 项目更为简单、方便，HBuilderX 具有如下优点。

● 轻巧极速，HBuilderX 编辑器是一个绿色压缩包，占用空间很小，较 HBuilder 的启动和编辑速度更快。

- 支持 markdown 编辑器和小程序开发，强化了 Vue 开发，开发体验更好。
- 具有强大的语法提示，拥有自主 IDE 语法分析引擎，对前端语言提供了准确的代码提示和转到定义（〈Alt〉+鼠标左键）操作。
- 开发界面清爽护眼，绿柔主题界面具有适合人眼长期观看的特点。

1.2.2 安装 HBuilderX 编辑器

HBuilderX 编辑器不需要安装，下载 HBuilderX 压缩包以后直接解压缩，在解压缩后的文件夹中找到可执行文件 HBuilderX.exe，双击即可使用 HBuilderX 编辑器。HBuilderX 编辑器第一次使用后关闭时会提示创建桌面快捷方式，建议创建，以方便下一次查找使用。

1.2.3 创建与调试 Vue 项目

1. 创建 Vue 项目

在 HBuilderX 开发环境中，选择"文件"→"新建"→"项目"菜单命令，打开"新建项目"对话框，如图 1-3 所示，选择项目的模板"vue 项目（普通模式）"，单击"浏览"按钮，选择项目的存放路径，输入项目名称"Hello"，单击"创建"按钮完成项目创建。

1-1
Vue 项目创建
步骤

图 1-3　创建基本 Vue 项目

2. 编辑 Vue 项目

项目创建完毕自动生成 Vue 项目结构和首页，如图 1-4 所示。左侧为项目结构窗口，中间为编辑窗口，右侧的"Web 浏览器"选项卡为运行调试窗口。

1-2
HBuilderX 开
发环境介绍

Vue 项目自动创建了三个文件夹和一个 HTML 文件，文件夹存放对应类型的文件。css 文件夹存放项目使用的样式文件；img 文件夹存放项目使用的图像；js

文件夹存放项目使用的脚本文件，自动加载了 vue.js 和 vue.min.js 文件。vue.js 是开发模式的 Vue 库。vue.min.js 是生产模式的 Vue 库。生产模式的 Vue 库进行了优化，文件更小，生成的项目占用的存储空间也更小，更为优化，但是，生产模式的 Vue 库阅读不方便，在开发过程中建议使用开发模式 Vue 库。系统自动创建的 HTML 文件自动引入的也是开发模式 Vue 库，参见图 1-4 第 6 行代码。

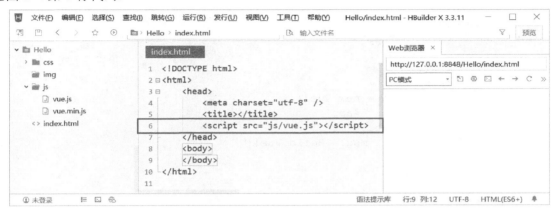

图 1-4　Vue 项目工作窗口

index.html 是静态网页文件，选中后在中间的编辑窗口显示其内容，并可以对其进行编辑，编辑以后必须手动保存才能在右侧运行调试窗口的"Web 浏览器"中预览编辑的效果。

3．创建其他文件

HBuilderX 编辑器创建文件非常方便，选择"文件"→"新建"菜单命令后，选择文件类型和保存位置即可创建，也可以在项目指定位置右击并在快捷菜单中选择文件类型创建，后者更为简便。

4．运行 Vue 项目

Vue 项目编辑完毕通过浏览器进行运行，第一次单击工具栏最右侧的"预览"图标，会提示安装内置浏览器插件，若选择自动安装，安装完毕自动打开 Web 浏览器窗口。浏览器默认为"PC 模式"，也可以选择"手机模式"，单击"PC 模式"下拉列表框右侧的下拉按钮，选择手机的型号，完成手机模式选择。

也可以使用真实浏览器运行项目，方法为选择"运行"→"运行到浏览器"菜单命令，选择可用的浏览器，如 Chrome。

5．调试 Vue 项目

在模拟运行环境，可以通过控制台调试 Vue 项目，选择"视图"→"显示控制台"菜单命令，打开控制台，在控制台交互输入数据调试程序。

也可以在真实浏览器中右击后在快捷菜单中选择"检查"→"控制台"菜单命令，交互调试程序，本书模块 2 中会使用真实浏览器的控制台调试程序。

【任务实现】

1）创建名为 Hello 的 Vue 项目。

2）在自动打开的 HTML 文件中编写代码如下，代码含义将在模块 2 的例 2-1 中详细说明。

```html
<html>
    <head>
        <meta charset="utf-8">
        <title></title>
        <script src="js/vue.js"></script>
    </head>
    <body>
        <div id="app">
            {{msg}}
        </div>
        <script>
            var vm = new Vue({
                el: '#app',
                data: {
                    msg: 'Hello Vue! '
                }
            });
        </script>
    </body>
</html>
```

3）保存 HTML 文件，运行测试项目。

模块小结

本模块介绍 Vue 的基本概念与项目创建方法。Vue 是应用广泛的前端开发框架，具有组件化开发、数据与结构分离、双向数据绑定、运行速度快等优势。HBuilderX 是网页项目开发环境，安装简单，使用方便，能够用来方便地开发使用 Vue 框架的网页。本模块通过两个工作任务介绍了 Vue 的优点与基本概念，演示了使用 Vue 框架开发与调试网页的过程，是后续课程学习的基础，工作任务与知识点关系的思维导图如图 1-5 所示。

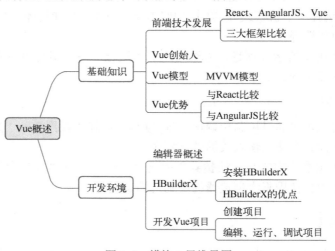

图 1-5　模块 1 思维导图

习题 1

1. 简述 MVVM 的概念。
2. 简述 AngularJS、React 和 Vue 的区别与联系。
3. 简述 Vue 的优点。
4. 简述 Vue 应用程序的创建步骤。
5. 列举 Vue 应用程序的开发工具。
6. 以下关于 Vue 优势的描述哪一个是错误的？（   ）
   A．Vue 是一种组件化编程　　　　　　B．Vue 使用 MVVM 数据响应模式
   C．Vue 的代码耦合度高　　　　　　　D．Vue 能够双向数据绑定
7. 以下哪个不是 Vue 的开发环境？（   ）
   A．HBuilder　　　　B．HBuilderX　　　　C．Vs Code　　　　D．Visual Studio
8. 开发 Vue 项目必须（   ）。
   A．导入 Vue.js 库　　B．导入样式文件　　　C．导入脚本文件　D．创建 HTML 文件
9. 以下哪个公司不使用 Vue？（   ）
   A．阿里巴巴　　　　B．百度　　　　　C．GitLab　　　　D．Google
10. 以下关于 Vue 的描述哪个是错误的？（   ）
   A．Vue 的应用类型包括高级 SPA 和 Native 应用程序
   B．Vue 不是分层开发应用程序
   C．Vue 基于 MVVM 模型
   D．Vue 是开源项目

实训 1

安装 HBubilderX 开发环境，并创建一个包含欢迎信息的简单 Vue 项目。

模块 2 Vue 实例

【学习目标】

知识目标

1）掌握 Vue 构造器选项的作用与概念，以及 Vue 实例对象的创建方法。
2）掌握根元素选项、数据选项、方法选项的用法。
3）掌握过滤选项、计算选项的用法，以及其与数据选项的联系。
4）掌握状态监听选项的用法，以及其与计算选项的区别。
5）掌握 Vue 的生命周期及其钩子函数的用法，以及 Vue 实例方法与属性的用法。

能力目标

1）具备使用 Vue 选项的能力。
2）具备使用过滤选项与计算选项处理数据的能力。
3）具备区分状态监听选项与计算选项应用场景的能力。
4）具备使用 Vue 的生命周期钩子函数，以及 Vue 实例方法与属性的能力。

素质目标

1）具有使用 Vue 选项实现应用程序功能的素质。
2）具有使用 Vue 生命周期钩子函数实现应用程序功能的素质。
3）具有数据安全意识。

任务 2.1 显示诗词

创建简单 Vue 项目，使用 Vue 数据选项定义诗词内容数据，在页面中使用插值表达式将数据显示出来，程序运行结果如图 2-1 所示。

2-1
显示诗词

2.1.1 创建 Vue 实例

Vue 项目通过 Vue 构造器创建 Vue 实例，使用 Vue 构造器必须引入 Vue 库，可以是开发模式库 vue.js，也可以是生产模式库 vue.min.js，本书引入开发模式库进行讲解。引入应用程序 js 文件夹下的库代码如下。

```
<script src="js/vue.js"></script>
```

> 这段代码在本书开发环境中创建 Vue 项目时会自动添加，这里之所以特别强调是为了引起读者重视，提醒读者使用其他开发工具（例如 VS Code）开发 Vue 项目时记得添加引用语句。事实上，简单 Vue 项目也可以仅创建 HTML 文件，在文件中加入库引用语句开发。

添加好引用后就可以使用 Vue 构造器创建 Vue 实例了，创建代码如下。

```
<script>
```

```
    var vm = new Vue({
        //选项声明
    });
</script>
```

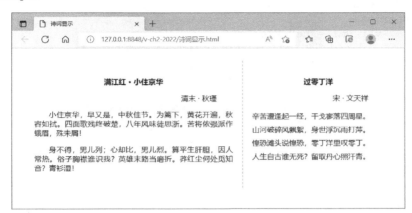

图 2-1　显示诗词

以上语句使用 Vue 构造器函数声明了一个名为 vm 的 Vue 实例，函数参数是一个匿名对象，该对象是一个选项集合，定义关联 Vue 实例的页面元素、页面使用的数据、方法等选项。使用"名值对"定义每一类选项，选项名与选项值之间用冒号进行分隔，选项之间和选项内部元素之间均用逗号进行分隔，下面分别予以描述。

2.1.2　根元素选项（el）

Vue 构造器使用 el 选项名定义页面元素的关联，即实例的作用范围。换言之，在 el 选项限定的元素内部可以使用实例的选项。以下代码限定在 id 为"app"的 div 元素内部可以使用 vm 实例对象定义的选项内容。

```
<div id="app">
        <!-- 元素内部 -->
</div>
<script>
        var vm = new Vue({
            el: '#app'
            //其他选项定义
        });
</script>
```

选项 el 的取值一般为 id 选择器名，但是并不限于此，任何合法的 CSS 选择器都可以使用，例如也可以使用类名选择器（例如.box），只是它不像 id 选择器选择元素那样简单直接，本书使用 id 选择器限定 Vue 实例对象的元素作用范围。

Tips　在每一个 Vue 构造器函数定义的实例对象中，el 选项是必需的，而且是唯一的。

一个 Vue 实例关联一个页面元素及其内部，不同的 Vue 实例可以关联不同的页面元素，以下代码中，实例 vm1 关联了 id 属性值为"app"的元素，实例 vm2 关联了 class 属性值为

"box"的元素。

```html
<body>
    <div id="app">  </div>
    <div class="box"></div>
    <script>
        var vm1 = new Vue({
            //选项名：el，选项值：id 属性为 app 的页面元素
            el: '#app'
        });
        var vm2 = new Vue({
            //选项名：el，选项值：class 属性为 app 的页面元素
            el: '.box'
        });
    </script>
</body>
```

2.1.3　数据选项（data）

Vue 构造器使用 data 选项名定义实例的数据选项，在选项中通过"名值对"定义数据，可以根据需要定义不同类型的多个数据。Vue 是 MVVM 模式的数据绑定，定义后 data 中的所有数据会自动加入到 Vue 的响应式系统中，方便数据在页面中使用。

 数据命名遵循一定的规范，以字母开头，不允许使用关键字，如 for、switch 等。

1. 在页面中访问数据

数据定义以后在页面中可以使用插值表达式（{{}}）直接访问，也可以使用本书模块 3 中介绍的绑定语法访问数据。

【例 2-1】 编写代码，定义一个名为 msg 的数据项，使用插值表达式在页面中进行显示，程序运行结果如图 2-2 所示。

```html
<body>
    <div id="app">
        <!--显示名为 msg 的数据项的值-->
        {{msg}}
    </div>
    <script>
        var vm = new Vue({
            // 选项名：el，选项值：#app，表示 Vue 实例对象关联 id 属性为 app 的页面元素
            el: '#app',
            // 数据选项，选项名：data，选项值：匿名对象
            data: {
                //定义名为 msg 的数据项
                msg: '顾秋亮同志从 1972 年起在中国船舶重工集团公司……'
            }
        });
    </script>
</body>
```

还可以将数据用于复杂插值表达式的运算。

【例2-2】　编码实现文本数据和表达式数据的显示，用布尔型数据 flag 模拟灯光开关的控制，程序运行结果如图 2-3 所示。

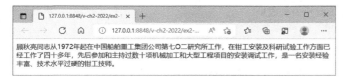

图2-2　简单数据显示　　　　　　　　　　　　图2-3　将数据用于计算表达式

```
<body>
    <div id="app">
        <!-- 简单插值表达式直接显示数据-->
        直接显示的数据：{{msg}}<br>
        <!-- 将数据用于三元运算符插值表达式 -->
        用于运算的数据：{{flag ? 'on' : 'off'}}
    </div>
    <script>
        var vm = new Vue({
            el: '#app',
            data: {
                // 定义字符串数据
                msg: 'Hello app! ',
                // 定义布尔型开关量数据
                flag: true
            }
        });
    </script>
</body>
```

数据项可以是简单数据类型，也可以是任意复杂数据类型，如数组、对象等。

【例2-3】　修改例 2-2，在页面中增加一个元素，在脚本中对应增加一个 Vue 实例，新增显示一组数组数据，程序运行结果如图 2-4 所示。

```
<body>
    <div id="app">
        <!-- 简单插值表达式直接显示数据-->
        直接显示的数据：{{msg}}<br>
        <!-- 将数据用于三元运算符插值表达式 -->
        用于运算的数据：{{flag ? 'on' : 'off'}}
    </div>
    <div class="box">
        <p>数组数据显示：
            <ul>
                <li>{{list[0]}}</li>
                <li>{{list[1]}}</li>
                <li>{{list[2]}}</li>
            </ul>
        </p>
    </div>
    <script>
        // 实例 vm1，关联 id 为 app 的页面元素
        var vm1 = new Vue({
            el: '#app',
```

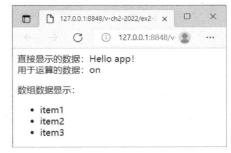

图2-4　显示数组数据

```
            data: {
                // 定义字符串数据
                msg: 'Hello app! ',
                // 定义布尔型开关量数据
                flag: true
            }
        });
        // 实例 vm2, 关联 class 为 box 的页面元素
        var vm2 = new Vue({
            el: '.box',
            data: {
                // 定义数组数据
                list: ['item1', 'item2', 'item3']
            }
        });
    </script>
</body>
```

2. 在脚本中访问数据

在脚本中访问数据遵循 JavaScript 语法，在实例对象内部通过 this 指针加成员运算符的方式访问，例如在例 2-1 中，在 vm 对象中访问 msg 数据的代码如下。

```
this.msg='这是 vm 的 msg'
```

在对象外部通过对象名加成员运算符的方式访问，例如在例 2-1 中，在 vm 对象外部访问 msg 数据的代码如下。

```
vm.msg='这是 vm 的 msg';
```

还可以加上 **data** 选项名，代码如下。

```
vm.$data.msg='这是 vm1 的 msg';
```

 应用举例参见本模块 2.2 节。

 【任务实现】

1. 任务设计

1）使用数据选项定义页面需要显示的数据，将两首诗词设计为两个对象数据，词的内容每个段落定义成一个数据，诗的内容定义成数组。

2）使用插值表达式将相关数据显示在页面上。

2. 任务实施

```
<html>
    <head>
        <meta charset="utf-8">
        <title>诗词显示</title>
        <script src="js/vue.js"></script>
        <style>
            /* 诗词名显示格式，文字粗体居中显示 */
            .name {
                text-align: center;
```

```
                font-weight: bold;
            }

            /* 诗词作者显示格式，右对齐显示，右边距为 35px */
            .author {
                text-align: right;
                padding-right: 35px;
            }

            /* 诗词内容显示格式，两端对齐，首行缩进 */
            .pra {
                text-align: justify;
                text-indent: 2em;
            }

            /* 数组数据显示格式 */
            li {
                list-style-type: none;
                text-align: justify;
                line-height: 30px;
            }

            /* 整体布局格式，弹性布局 */
            #app {
                display: flex;
                width: 800px;
            }

            div {
                padding: 20px;
            }

            .left {
                flex: 3;
            }

            /* 设置两个内容之间的分割线 */
            .right {
                flex: 2;
                border-left: 2px silver dashed;
            }
        </style>
    </head>
    <body>
        <div id="app">
            <!-- 第 1 首诗词 -->
            <div class="left">
                <p class="name">{{mjh.name}}</p>
                <p class="author">{{mjh.author}}</p>
                <p class="pra">{{mjh.paragraph1}}</p>
                <p class="pra">{{mjh.paragraph2}}</p>
            </div>
```

```
        <!-- 第 2 首诗词 -->
        <div class="right">
            <p class="name">{{gldy.name}}</p>
            <p class="author">{{gldy.author}}</p>
            <p class="pra">
                <li>{{gldy.content[0]}}</li>
                <li>{{gldy.content[1]}}</li>
                <li>{{gldy.content[2]}}</li>
                <li>{{gldy.content[3]}}</li>
            </p>
        </div>
    </div>
    <script>
        var vm = new Vue({
            el: '#app',
            // 定义待显示数据的数据选项
            data: {
                mjh: {
                    name: '满江红 · 小住京华',
                    author: '清末 · 秋瑾',
                    paragraph1: '小住京华……殊未屑！',
                    paragraph2: '身不得……青衫湿！'
                },
                gldy: {
                    name: '过零丁洋',
                    author: '宋 · 文天祥',
                    content: ['辛苦遭逢起一经，干戈寥落四周星。',
                        '山河破碎风飘絮，身世浮沉雨打萍。',
                        '惶恐滩头说惶恐，零丁洋里叹零丁。',
                        '人生自古谁无死？留取丹心照汗青。'
                    ]
                }
            }
        });
    </script>
</body>
</html>
```

任务 2.2　设计数据编码器

　　设计一个运行效果如图 2-5 所示的数据编码器。编码器初始显示如图 2-5a 所示，显示原始数据和自动过滤的数据（自动加密数据）。单击"生成原始数据"按钮，调用随机数生成函数生成原始随机数，自动显示新数据和新数据的自动过滤加密，如图 2-5b 所示。单击"主动加密"按钮，将原始数据主动加密并显示，如图 2-5c 所示。

2-2
设计数据编码器

图 2-5　数据编码器

a）初始显示　b）单击"生成原始数据"按钮　c）单击"主动加密"按钮

2.2.1　过滤选项（filters）

Vue 构造器使用"filters"选项名定义对数据的过滤操作，通过在选项中定义对应的过滤方法进行数据处理，如格式化、加密运算等。filters 选项的定义格式如下。

```
filters: {
    // 方法定义
}
```

元素中，待过滤数据与过滤函数用管道运算符（|）进行分隔，函数默认只有一个参数，就是管道运算符左侧待过滤的数据。如果没有其他参数，默认参数可以不写，只写函数名即可。

【例 2-4】　修改例 2-2，将 msg 数据的值转化为大写进行显示，程序运行结果如图 2-6 所示。

图 2-6　过滤选项

```
<body>
    <div id="app">
        <!--过滤格式：数据名+管道运算符|+过滤方法名 -->
        {{msg|formate}}
    </div>
    <script>
        var vm = new Vue({
            el: '#app',
            data: {
                msg: 'Hello app! '
            },
            filters: {
                formate(value) {
                    //调用字符串类 toUpperCase()方法将字符串转化为大写
                    return value.toUpperCase();
```

```
            }
        },
    });
</script>
</body>
```

过滤方法中如果有多个参数，参数定义遵循 JavaScript 语法依次排列，第 1 个参数为待过滤的数据。

【例 2-5】 用过滤选项定义数据的显示格式，为 msg 数据添加前缀"id_"进行显示，程序运行结果如图 2-7 所示。

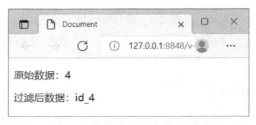

图 2-7 过滤选项规定数据格式

```
<div id="app">
    <!-- 带参数过滤，为数据加前缀标识 -->
    <p>{{msg|code('id_')}}</p>
</div>
<script>
    var vm = new Vue({
        el: '#app',
        data: {
            msg: '4'
        },
        filters: {
            // 过滤方法，第 1 个参数为待过滤的数据
            code(value, pre) {
                // 将数据与前缀标识连接起来返回
                return pre + value;
            }
        }
    });
</script>
```

2.2.2　方法选项（methods）

Vue 构造器使用"methods"选项名定义方法，定义后就可以使用这些方法响应用户的操作。methods 选项的定义格式如下。

```
methods: {
    // 方法定义，遵循 JavaScript 方法的定义语法
}
```

元素中可以调用方法响应用户的操作，如在元素单击事件中调用方法的代码如下。

```
@click="方法名"
```

如果方法没有参数，直接给出方法名即可，如果有参数，遵循 JavaScript 语法参数传递的

规则，以"方法名加实参"的形式进行调用。

【例2-6】 编写代码，单击"操作数据"按钮后将数据 msg 的值乘以 2 再加 5 后进行显示，程序初始界面如图 2-8a 所示，单击"操作数据"按钮，程序运行结果如图 2-8b 所示。

图 2-8　方法选项

```html
<body>
    <div id="app">
        <button @click="opdata">操作数据</button>
        <p>{{msg}}</p>
    </div>
    <script>
        var vm = new Vue({
            el: '#app',
            data: {
                msg: 0
            },
            methods: {
                opdata() {
                    this.msg=this.msg* 2 + 5;
                }
            }
        });
    </script>
</body>
```

【例2-7】 修改例 2-6，将数据操作的要求"乘以 2 再加 5"，用参数传递的方式实现同样的程序功能。

分别修改元素方法调用代码和方法定义代码如下。

```html
<!-元素方法调用 -->
<button @click="opdata(2,5)">操作数据</button>

methods: {
    // 方法定义
    opdata(j,h) {
        this.msg=this.msg* j + h;
    }
}
```

【任务实现】

1. 任务设计

1）使用 Math.floor()方法生成指定范围的随机数。

2）使用过滤选项对随机生成的数进行自动加密运算，运算结果显示在页面上。

3）使用方法选项定义元素的单击响应事件，在方法选项中定义方法对数据进行主动加密操作。

2. 任务实施

```html
<html>
    <head>
        <meta charset="UTF-8">
        <title>编码器</title>
        <script src="js/vue.js"></script>
    </head>
    <body>
        <div id="app">
            <button @click="oldData">生成原始数据</button>
            <p>原始数据：{{msg }}</p>
            <p>自动加密：{{msg | code(2,5)}}</p>
            <button @click="newData(3)">主动加密</button><br>
            <p>主动加密数据：{{pmsg}}</p>
        </div>
        <script>
            var vm = new Vue({
                el: '#app',
                data: {
                    msg: 1,
                    pmsg: 1
                },
                filters: {
                    // 过滤选项方法，将随机数运算加密
                    code(value, mul, add) {
                        return value * mul + add;
                    }
                },
                methods: {
                    // 按钮单击事件方法，将随机数运算加密
                    newData(mul) {
                        this.pmsg = this.pmsg * mul;
                    },
                    oldData() {
                        // 生成原始随机数据
                        this.msg = Math.floor(Math.random() * 999);
                        this.pmsg = this.msg;
                    }
                }
            });
        </script>
    </body>
</html>
```

> Tips 本例演示了过滤选项与方法选项对数据的加密运算，请认真体会两类选项在调用方法时机上的区别。

任务 2.3　编写模拟购物车

设计一个包含两行记录的购物车，能够显示商品名称和单价，能够单击"+""-"按钮修改商品购买数量，商品购买数量改变后能够自动重新小计商品价格，自动更新商品总价，商品购买数量上限是5，超过上限自动弹出警告信息，单击"确认购买"按钮后弹出"购买成功"对话框，模拟购买过程。程序运行界面如图 2-9 所示。

2-3
编写模拟购物车

图 2-9　模拟购物车

2.3.1　计算选项（computed）

计算选项（computed）是一种响应式依赖缓存，相关响应式依赖发生改变时会重新求值，能够处理复杂的数据逻辑。经常用在一个数据变化引起另外一个数据同步变化的同步机制中，例如本节任务的购物车数量的变化会引起小计和总计的同步变化，使用计算选项定义小计和总计就非常方便。当其依赖的属性值发生改变时，计算选项的属性在下一次获取值时会重新计算值，数值有缓存，避免了每次获取值都要重新计算的麻烦，效率更高。

Vue 构造器使用"computed"选项名定义计算选项，语法规则如下。

```
computed: {
    // 方法定义，方法名同属性名
}
```

> Tips　计算选项的方法名同属性名，定义后在元素中直接使用方法名获取数据的值。

【例 2-8】　设计一个单行购物车，商品数量改变时价格小计同步改变，程序运行效果如图 2-10 所示。

图 2-10　单行购物车

```html
<body>
    <div id="app">
        <h1>购物车</h1>
        <div>
            <table border="1px">
                <tr>
                    <td>编号</td>
                    <td width="100px">物品名称</td>
                    <td>单价</td>
                    <td width="100px">数量</td>
                    <td>小计</td>
                </tr>
                <tr>
                    <td>001</td>
                    <td>铅笔</td>
                    <td>2</td>
                    <td>
                        <!-- 改变数量按钮 -->
                        <button class="button-left" @click="sub">-</button>
                        {{num}}
                        <button class="button-right" @click="add">+</button>
                    </td>
                    <!-- 计算选项 -->
                    <td>{{count}}</td>
                </tr>
            </table>
        </div>
    </div>
    <script>
        var vm = new Vue({
            el: '#app',
            data: {
                num: 0
            },
            computed: {
                /* 计算选项，定义名为 count 的计算属性 */
                count() {
                    // 返回单价与数量的乘积
                    return this.num * 2;
                }
            },
```

```
        methods: {
            // 递增方法，每次单击数量加 1
            add() {
                this.num++;
            },
            // 递减方法，每次单击数量减 1
            sub() {
                this.num--;
            }
        }
    });
    </script>
</body>
```

> **Tips** 页面样式设计请自行设计或参考源代码，鉴于篇幅，后面关于页面样式设计做同样约定。

2.3.2　状态监听选项（watch）

计算选项能够方便地监听数据的变化，但是，在数据变化时执行异步或开销较大的操作时使用计算选项就不太合适。watch 侦听器是一个观察器，起数据监听回调的作用，当监听的数据发生变化时执行回调，无缓存，允许执行异步操作，一般用在数据变化时需要执行异步或开销较大的操作情况。

可以使用状态监听选项（watch）监听数据的变化，语法格式如下。

```
watch: {
    // 方法定义
}
```

方法名是待检测数据的名字，方法可以接收两个参数 newValue 和 oldValue，分别表示改变后和改变前数据的值。

【例 2-9】　修改例 2-8，为商品购买数量加一个状态监听选项，当购买数量大于 5 或小于 0 时弹出报警信息，程序运行效果如图 2-11 所示。

图 2-11　加状态监听选项的单行购物车

在 Vue 实例中增加状态监听，代码如下。

```
watch: {
    // 监听选项监听 num 数据项
    num(nnew, nold) {
        // 数量上限设为 5
```

```
if (nnew > 5) {
    this.num--;
    window.alert("数量超出上限");
}
// 数量下限设为 0
if (nnew < 0) {
    this.num++;
    window.alert("数量超出下限");
}
    }
}
```

2.3.3　computed 与 watch 选项的应用场景

computed 选项定义的计算属性需要依赖其他属性值，只有当其依赖的属性值发生改变时才会重新计算，在下一次获取 computed 的值时进行计算，数值有缓存。它一般用于数据依赖计算，当需要进行数值计算且计算依赖于其他数据时使用，如购物车的总价依赖于各项的单价与数量。

Watch 选项是一个观察器，起数据监听回调的作用，当监听的数据发生变化时执行回调，无缓存，允许执行异步操作，一般用在数据变化时需要执行异步或较大开销操作的情况。

【任务实现】

1.　任务设计

1）用计算属性自动对每一行记录进行价格小计，并自动计算出两行记录的价格总计。

2）用 watch 选项定义侦听器实时检测每一行的数量，超过上限时弹出报警信息。

3）单击"确认购买"按钮打开对话框，模拟购买过程。

2.　任务实施

```html
<html>
    <head>
        <meta charset="utf-8">
        <title>购物车</title>
        <script src="./js/vue.js"></script>
        <style>
            /* 定义表格样式 */
            td {
                width: 80px;
            }
            /* 定义按钮样式 */
            .button-left {
                width: 20px;
                float: left;
            }
            .button-right {
                width: 20px;
                float: right;
            }
            .button-buy {
```

```
                    margin: 0 auto;
                }
        </style>
</head>
<body>
    <div id="app">
        <h1>购物车</h1>
        <div>
            <table border="1px">
                <tr>
                    <td>编号</td>
                    <td width="100px">物品名称</td>
                    <td>单价</td>
                    <td width="100px">数量</td>
                    <td>小计</td>
                </tr>
                <!-- 第 1 个物品 -->
                <tr>
                    <td>001</td>
                    <td>铅笔</td>
                    <td>2</td>
                    <td>
                        <!-- 修改商品数量 -->
                        <button class="button-left" @click="sub1">-
                        </button>
                        {{num1}}
                        <button class="button-right" @click="add1">+
                        </button>
                    </td>
                    <td>{{count1}}</td>
                </tr>
                <!-- 第 2 个物品 -->
                <tr>
                    <td>002</td>
                    <td>橡皮</td>
                    <td>3</td>
                    <td>
                        <!-- 修改商品数量 -->
                        <button class="button-left" @click="sub2">-
                        </button>
                        {{num2}}
                        <button class="button-right" @click="add2">+
                        </button>
                    </td>
                    <td>{{count2}}</td>
                </tr>
                <!-- 总计信息 -->
                <tr>
                    <td>数量总计</td>
                    <td></td>
                    <td></td>
                    <td>总计</td>
                    <td>{{total}}</td>
                </tr>
```

```
            <tr>
                <td colspan="4"></td>
                <td>
                    <button @click="buy">确认购买</button>
                </td>
            </tr>
        </table>
    </div>
</div>
<script>
    var vm = new Vue({
        el: '#app',
        data: {
            num1: 4,
            num2: 0,
        },
        computed: {
            /* 小计计算属性 */
            count1() {
                return this.num1 * 2;
            },
            count2() {
                return this.num2 * 3;
            },
            /* 总计计算属性 */
            total() {
                return this.count1 + this.count2;
            },
        },
        watch: {
            // 监听 num1 数据变化
            num1(nnew, nold) {
                if (nnew > 5) {
                    this.num1--;
                    window.alert("数量超出上限");
                }
            },
            // 监听 num2 数据变化
            num2(nnew, nold) {
                if (nnew > 5) {
                    this.num2--;
                    window.alert("数量超出上限");
                }
            }
        },
        methods: {
            // 响应第 1 个数据的修改
            sub1() {
                this.num1 == 0 ? 0 : this.num1--;
            },
            add1() {
                this.num1++;
            },
            // 响应第 2 个数据的修改
```

```
                            sub2() {
                                this.num2 == 0 ? 0 : this.num2--;
                            },
                            add2() {
                                this.num2++;
                            },
                            //购买按钮单击事件
                            buy() {
                                window.alert('购买成功');
                            }
                        }
                    });
            </script>
        </body>
    </html>
```

任务 2.4　学习 Vue 生命周期

编写代码测试 Vue 生命周期钩子函数的执行顺序和触发条件，以及 Vue 实例属性和方法的用法。

2.4.1　生命周期概述

Vue 实例的创建过程会经历 create（创建）、mount（挂载）、update（更新）和 destroy（销毁）4 个阶段，并完成一系列的初始化过程，如设置数据监听、编译模板、将实例加载到虚拟 DOM 等，这个过程中会触发一些叫作生命周期钩子函数的事件，图 2-12 给出了这些事件执行的顺序和条件。

页面初始化完成之前执行 beforeCreate 事件，此时 Vue 实例的挂载元素$el 和数据对象 data 都为 undefined。初始化完成之后执行 created 事件，Vue 实例的数据对象 data 有了，但是，这时候模板还没有渲染成 HTML，还没有$el。

页面元素加载之前执行 beforeMount 事件，此时，Vue 实例的$el 和 data 都初始化了，但是页面元素还没有挂载，在该事件中还访问不到页面元素。页面元素加载完毕执行 mounted 事件，这时就可以访问页面元素了，即 mounted 事件中的模板已经渲染成 HTML，可以对 HTML 的 DOM 节点进行一些需要的操作。

以上各阶段都可以获取数据，只不过各个阶段能够获取的数据有所不同。数据更新时会触发 beforeUpdate 和 updated 事件，分别在更新前/后触发。实例销毁时会触发 beforeDestroy 和 destroyed 事件，分别在销毁前/后触发。

2.4.2　生命周期事件

Vue 生命周期钩子函数说明如表 2-1 所示，可以在这些函数中编写代码实现程序的特殊功能，如初始化和释放资源工作等。

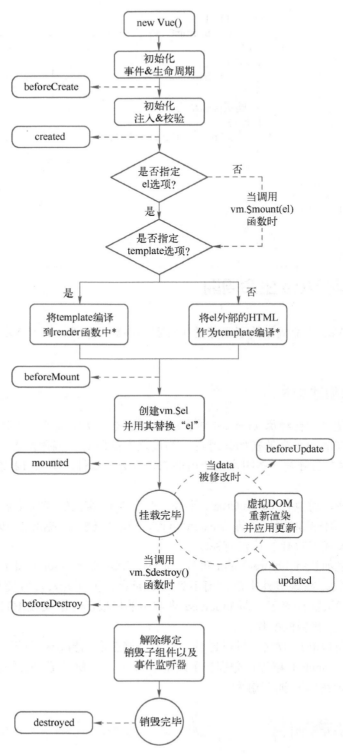

图 2-12　Vue 实例生命周期

表 2-1　生命周期钩子函数

钩子函数名	说　明
beforeCreate()	在实例初始化之后，数据观测 (data observer) 和 event/watcher 事件配置之前被调用
created()	在实例创建完成后立即被调用，在这一步，实例已完成以下的配置：数据观测、属性和方法的运算、watch/event 事件回调。然而，挂载阶段还没开始，$el 属性尚不可用
beforeMount()	在挂载开始之前被调用，相关的 rende 函数首次被调用，该钩子函数在服务器端渲染期间不被调用
mounted()	实例被挂载后调用，这时 el 被新创建的 vm.$el 替换。如果根实例被挂载到一个文档内的元素上，当 mounted 被调用时 vm.$el 也在文档内。注意 mounted 不会保证所有的子组件一起被挂载。如果希望等到整个视图都渲染完毕再进行操作，可以在 mounted 内部使用 vm.$nextTick，该钩子函数在服务器端渲染期间不被调用
beforeUpdate()	数据更新时调用，发生在虚拟 DOM 打补丁之前。这里适合在更新之前访问现有的 DOM，比如手动移除已添加的事件监听器。该钩子函数在服务器端渲染期间不被调用，因为只有初次渲染会在服务器端执行
updated()	由于数据更改导致的虚拟 DOM 重新渲染和打补丁，在这之后会调用该钩子函数。当这个钩子函数被调用时，组件 DOM 已经更新，所以可以执行依赖于 DOM 的操作。然而在大多数情况下，一般不在此期间更改状态。如果需要更改，通常使用计算属性或 watcher 取而代之。由于 updated 事件不会保证所有的子组件都一起被重绘，因此如果希望等到整个视图都重绘完毕，可以在 updated 事件中使用 vm.$nextTick，该钩子函数在服务器端渲染期间不被调用
activated()	被 keep-alive 缓存的组件激活时调用，该钩子函数在服务器端渲染期间不被调用
deactivated ()	被 keep-alive 缓存的组件停用时调用，该钩子函数在服务器端渲染期间不被调用
beforeDestroy()	实例销毁之前调用，在这一步，实例仍然完全可用，该钩子函数在服务器端渲染期间不被调用
destroyed()	实例销毁后调用，该钩子被调用后，对应 Vue 实例的所有指令都被解绑，所有的事件监听器被移除，所有的子实例也都被销毁。该钩子函数在服务器端渲染期间不被调用

生命周期钩子函数自动将 this 上下文绑定到实例中，因此可以直接访问数据，对属性和方法进行运算，但是不能使用箭头函数定义，因为箭头函数会绑定函数自己的上下文。

2.4.3　Vue 实例方法与属性

1. 实例属性

使用实例属性能够访问 Vue 实例的选项，常用 Vue 实例属性如表 2-2 所示。

表 2-2　Vue 实例属性

属性名	属性返回值	说　明
$el	HTMLElement（只读）	Vue 实例使用的根 DOM 元素
$data	Object	Vue 实例正在监视的数据对象
$options	Object	当前 Vue 实例的初始化选项
$parent	Vue 类型	父实例（如果有）
$root	Vue 类型	当前组件树的根 Vue 实例，如果当前实例没有父实例，则返回自身
$children	Array<Vue>（只读）	当前实例的直接子实例，不保证顺序，也不是响应式的
$refs	Object（只读）	注册过 ref 属性的所有 DOM 元素和组件实例
$router	Object（只读）	路由管理器对象，具体使用详见模块 7
$store	Object（只读）	状态管理对象，具体使用详见模块 9

2. 实例方法

可以用实例方法的语法格式访问 Vue 生命周期钩子函数和选项方法，如过滤选项、状态监听选项、方法选项定义的方法，语法格式如下。

```
vm.$functionname();
```

其中，vm 是实例名，functionname 是方法名。例如，组件销毁方法的调用语句如下。

```
vm.$destroy();
```

3．异步更新队列

Vue 异步执行 DOM 的更新，当侦听到数据变化时会开启一个队列，在队列中缓存同一事件循环中发生的所有数据变更，例如，同一个 watcher 被多次触发只会被推入到队列中一次。这种机制对去除重复数据和避免不必要的计算和 DOM 操作非常重要。但是，也会带来该组件不会立即重新渲染的后果。如果想基于更新后的 DOM 状态操作就会比较棘手，可以使用 Vue.nextTick(callback)实例方法进行操作。方法参数为一个回调函数，回调会延迟到 DOM 更新之后执行。

【例 2-10】 编写代码测试实例异步更新方法的用法，程序运行效果如图 2-13 所示，由运行结果可见，Vue 数据确实是异步更新机制，想要使用更新后的状态，需要在 nextTick()实例方法中进行操作。

2-4
异步更新队列

图 2-13　异步更新队列

```
<div id="app">
    {{msg}}
</div>
<script>
    var vm = new Vue({
        el: '#app',
        data: {
            msg: 'Hello app! '
        }
    });
    //修改数据
    vm.msg = 'new message';
    //输出数据
    console.log(vm.$el.innerText);
    Vue.nextTick(function() {
        //在 nextTick()方法中输出数据
        console.log(vm.$el.innerText)
    });
</script>
```

【任务实现】

1．任务设计

1）编写 Vue 生命周期钩子函数，测试函数执行顺序和触发条件。

2）编写 Vue 实例属性代码，体验实例属性的用法。

2．任务实施

（1）测试 beforeCreate()和 created()方法

1）编写测试代码如下。

```html
<body>
    <div id="app">
        {{msg}}
    </div>
    <script>
        var vm = new Vue({
            el: '#app',
            data: {
                msg: 'Hello app! '
            },
            beforeCreate: function() {
                console.log('beforeCreate: ' + this.msg)
            },
            created: function() {
                console.log('created: ' + this.msg)
            }
        });
    </script>
</body>
```

2）在菜单中选择"运行"→"运行到浏览器"菜单项，选择浏览器，将应用程序直接运行到浏览器，在浏览器上右击，选择"检查"菜单项，打开应用程序调试窗口，查看调试窗口控制台输出，如图 2-14 所示。由运行结果可见，beforeCreate()钩子函数在实例初始化之后，数据观测和 event/watcher 事件配置之前被调用。

图 2-14　beforeCreate()和 created()方法

（2）测试 beforeMount()和 mounted()方法

1）编写测试代码如下。

```html
<body>
    <div id="app">
        {{msg}}
    </div>
    <script>
        var vm = new Vue({
            el: '#app',
            data: {
                msg: 'Hello app! '
            },
            beforeMount: function() {
                console.log('beforeMount: ' + this.$el.innerHTML)
```

```
            },
            mounted: function() {
                console.log('mounted: ' + this.$el.innerHTML)
            }
        });
    </script>
</body>
```

2）程序运行结果如图 2-15 所示。由运行结果可见，beforeMount()方法中数据并没有关联到$el 对象上，页面元素无法展示数据。mounted()方法在页面挂载之后执行，可以访问和将数据加载到页面元素。

图 2-15　beforeMount()和 mounted()方法

（3）测试 beforeDestroy()和 destroyed()方法

1）编写测试代码如下。

```
<body>
    <div id="app">
        <p ref="self">{{msg}}</p>
    </div>
    <script>
        var vm = new Vue({
            el: '#app',
            data: {
                msg: 'Hello app! '
            },
            beforeDestroy: function() {
                console.log('beforeDestroy: ' + this.$refs.self)
                console.log('beforeDestroy: ' + this.msg)
            },
            destroyed: function() {
                console.log('destroyed: ' + this.$refs.self)
                console.log('destroyed: ' + this.msg)
            }
        });
    </script>
</body>
```

2）在控制台输入代码 vm.$destroy()，销毁 vm 实例，程序运行结果如图 2-16 所示。由运行结果可见，vm 实例一直存在，但是实例销毁后，就不能访问页面元素了。

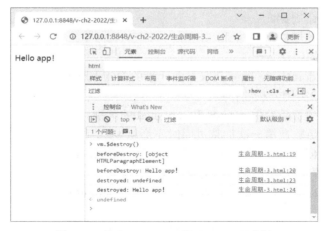

图 2-16 beforeDestroy() 和 destroyed() 方法

模块小结

本模块介绍 Vue 实例的定义，包括根元素选项、数据选项、过滤选项、方法选项、计算属性与状态监听选项，以及 Vue 实例的生命周期。由 Vue 选项定义可见，Vue 实例本质上就是一个对象，遵循 JavaScript 对象关于"键值对"的语法规则，在方法选项、过滤选项、计算属性与状态监听选项中值进一步拓展为使用函数。本模块通过 4 个工作任务示范了 Vue 实例选项与生命周期的用法，是后续开发的基础，工作任务与知识点关系的思维导图如图 2-17 所示。

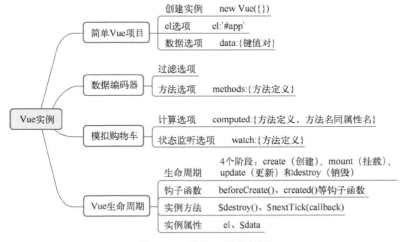

图 2-17 模块 2 思维导图

习题 2

1. 简述 computed 和 watch 选项的区别与联系。

2．简述 Vue 的生命周期。

3．简述 Vue 实例的属性与方法。

4．简述过滤选项的用法。

5．通过_____.domName 能够获取页面元素的 DOM 对象。

6．简述$nextTick()实例方法的作用。

7．简述生命周期钩子函数中 created 和 mounted 的区别。

8．以下哪个钩子函数在第一次加载页面时不会触发？（　　　）

　　A．beforeCreate()　　　　　B．created()　　　　　C．updated()　　　　　D．mounted()

9．DOM 渲染在哪个周期中就已经完成？（　　　）

　　A．beforeCreate()　　　　　B．created()　　　　　C．beforeMount ()　　　　D．mounted()

10．以下哪项说法不正确？（　　　）

　　A．通过 this.$parent 能够查找当前组件的父组件

　　B．通过 this.$refs 能够查找命名子组件

　　C．通过 this.$children 能够按顺序查找当前组件的直接子组件

　　D．通过$root 能够查找根组件，配合 children 可遍历全部组件

11．关于生命周期的描述，以下哪项不正确？（　　　）

　　A．在 mounted 事件中，DOM 渲染已经完成了

　　B．生命周期是 Vue 实例从创建到销毁的过程

　　C．在 created 事件中，数据观测、属性和方法的运算已完成，但是$el 属性还不能访问

　　D．页面首次加载会依次触发 beforeCreate、created、beforeMount、mounted、beforeUpdate、
　　　　updated 钩子函数

12．请分析以下代码的输出。（　　　）

```
<div id="app"></div>
<script>
    var vm = new Vue({
        el: '#app',
        data: { a: 1,b: 2},
        beforeCreate: function(){console.log(this.a)},
        mounted() {console.log(this.b)}
    });
</script>
```

　　A．1，2　　　　　　　　B．2，1　　　　　　　　C．undefined，2　　　　　D．1，undefined

实训 2

　　参考图 2-18 设计一个静态用户信息注册项目，每次单击"添加用户"按钮，则添加一条标准用户信息到数组，并显示在表格中，每次单击"删除用户"按钮，则删除一条用户记录。

图 2-18　注册用户

【学习目标】

知识目标

1）掌握数据绑定指令 v-bind、v-model、v-text、v-html 的用法。
2）掌握列表渲染指令 v-for 的用法。
3）掌握条件渲染指令 v-if、v-else、v-show 的用法。
4）掌握事件绑定指令 v-on 及其修饰符的用法。

能力目标

1）具备使用 Vue 指令的能力。
2）具备使用指令进行单项/双向数据绑定的能力。
3）具备使用指令列表/条件显示数据的能力。
4）具备使用指令设计交互应用程序的能力。
5）具备使用指令修饰符设计满足特殊应用需求的能力。
6）具备使用指令动态设计元素显示样式的能力。
7）具备应用需求分析能力。

素质目标

1）具有使用 Vue 指令设计交互应用程序的素质。
2）具有使用 Vue 指令动态修改应用显示样式的素质。
3）具有数据安全意识。
4）具有良好的软件编码规范素养。

任务 3.1　开发用户注册程序

设计一个用户注册程序，程序运行结果如图 3-1 所示。图 3-1a 为程序初始运行结果；图 3-1b 为复选框选中运行结果，显示"注册"按钮；图 3-1c 为用户名和密码输入框为空时单击"注册"按钮的运行结果，程序给出了要求输入用户名和密码的提示信息；图 3-1d 为输入了用户名和密码后单击"注册"按钮的运行结果，系统给出了欢迎已注册用户的信息。

3-1
用户注册程序

3.1.1　v-text 指令

v-text 指令为元素绑定文本内容，使元素的显示文本与绑定的数据同步变化，是一种单向数据绑定，一般用于显示静态文本，作用同插值表达。

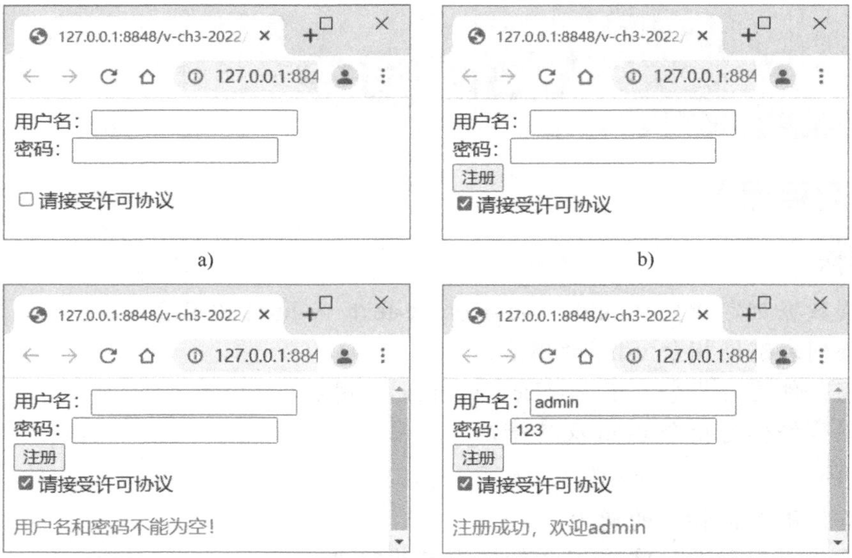

图 3-1　注册程序

【例 3-1】 用 v-text 指令为元素绑定显示文本，程序运行结果如图 3-2 所示。

```
<div id="app">
    <span v-text="smsg"></span>
    <p v-text="pmsg"></p>
</div>
<script>
    var vm = new Vue({
        el: '#app',
        data: {
            smsg: '人民不仅有权爱国……',
            pmsg: ""蛟龙号"载人深潜器是我国首台自主设计……."
        }
    });
</script>
```

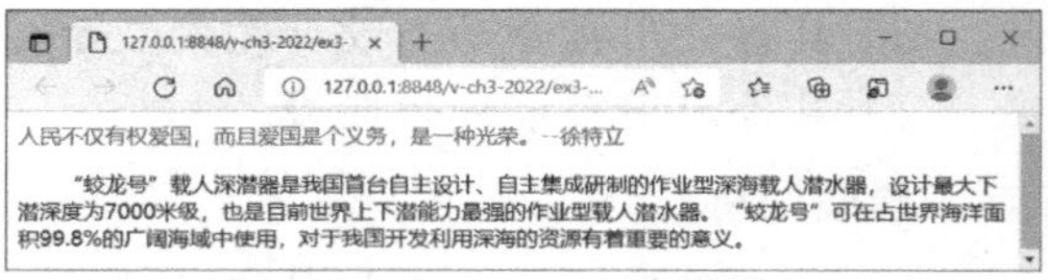

图 3-2　v-text 指令用法

 字符串表达式可以用单引号，也可以用双引号，一般用单引号。

3.1.2　v-html 指令

v-html 指令为元素绑定 innerHTML 属性，是一种单向数据绑定，绑定内容会用 HTML 元素解释。需要注意的是，元素内容按普通 HTML 插入，不会作为 Vue 模板进行编译。在网站上动态渲染 HTML 容易导致 XSS 攻击，因此不建议使用。

【例 3-2】 用 v-html 指令为元素绑定 HTML 元素，程序运行结果如图 3-3 所示。

```
<div id="app">
```

图 3-3　v-text 与 v-html 指令

```
        <p v-html="msg"></p>
        <p v-text="msg"></p>
    </div>
    <script>
        var vm = new Vue({
            el: '#app',
            data: {
                msg: '<h1>一级标题<h1>'
            }
        });
    </script>
```

3.1.3　v-model 指令

1. 数据绑定

v-model 指令进行双向数据绑定，只能使用在表单输入控件中，包括<input>、<select>、<textarea> 3 个控件，绑定行为随表单控件类型不同而不同，会根据控件类型自动选取正确的方法来更新元素。

● text 和 textarea 元素使用 value 属性和 input 事件。
● checkbox 和 radio 使用 checked 属性和 change 事件。
● select 字段使用 value 属性和 change 事件。

> v-model 会忽略所有表单元素的 value、checked、selected 属性的初始值，总是将 Vue 实例的数据作为数据来源。

【例 3-3】　用 v-model 指令为文本框元素双向绑定数据，程序运行结果如图 3-4 所示。图 3-4a 为程序初始运行效果；图 3-4b 为通过控制台修改用户名为“test”的显示效果，修改后用户名输入框自动修改为“test”；图 3-4c 为通过文本框修改密码为“456”，在控制台使用 **vm.vpass** 查看数据项可见控制台对应数据 **vpass** 也自动改变了。

```
    <div id="app">
        用户名：<input v-model="vname" /><br>
        密码：<input v-model="vpass" /><br>
    </div>
    <script>
        var vm = new Vue({
            el: '#app',
            data: {
                vname: 'admin',
                vpass: '123'
            }
        });
        console.log(vm.vname);
        console.log(vm.vpass);
    </script>
```

【例 3-4】　用 v-model 指令为复选框元素双向绑定数据，程序运行结果如图 3-5 所示。图 3-5a 为程序初始运行效果；图 3-5b 为取消选中复选框后的运行效果。

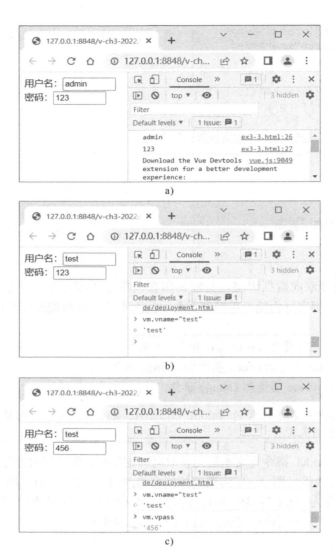

图 3-4 v-model 指令与文本框

图 3-5 v-model 指令与复选框

```html
<div id="app">
    <input type="checkbox" v-model="checked">
    <label>{{ checked }}</label>
</div>
<script>
    var vm = new Vue({
```

```
        el: '#app',
        data: {
            checked: true
        }
    });
</script>
```

【例3-5】 使用 v-model 指令为多个复选框元素绑定数据时，程序运行结果如图 3-6 所示。图 3-6a 为程序初始运行效果；图 3-6b 为选择复选框后的运行效果，选中元素的显示顺序与选择顺序相关。

图 3-6 v-model 指令与多个复选框

```
<div id="app">
    <input type="checkbox" value="果汁" v-model="checkedNames">
    <label>果汁</label>
    <input type="checkbox" value="茶" v-model="checkedNames">
    <label>茶</label>
    <input type="checkbox" value="牛奶" v-model="checkedNames">
    <label>牛奶</label>
    <p>选中选项为: {{ checkedNames }}</p>
</div>
<script>
    var vm = new Vue({
        el: '#app',
        data: {
            checkedNames: []
        }
    });
</script>
```

将多个复选框用 v-model 指令绑定到一个数组数据，能够实现数组与复选框数据的同步。

【例3-6】 用 v-model 指令为单选按钮元素绑定数据，程序运行结果如图 3-7 所示。图 3-7a 为程序初始运行效果；图 3-7b 为选择单选按钮后的运行效果。

图 3-7 v-model 指令与单选按钮

```
<div id="app">
    <p>
        <input type="radio" value="男" v-model="picked">
```

```
        <label>男</label>
        <input type="radio" value="女" v-model="picked">
        <label>女</label>
    </p>
    <p><span>选择的结果：{{ picked }}</span></p>
</div>
<script>
    var vm = new Vue({
        el: '#app',
        data: {
            picked: ''
        }
    });
</script>
```

2. 绑定修饰符

还可以为绑定指令添加修饰符，各修饰符的含义如下。

- .lazy：默认情况下，v-model 每次在 input 事件触发后将输入框的值与数据进行同步，添加 lazy 修饰符后，会转为在 change 事件之后进行同步。
- .number：将输入的字符串转为有效的数字（如果可以）。
- .trim：过滤掉输入字符串的首尾空格。

【例 3-7】 给 v-model 指令添加修饰符，查看程序程序运行结果。图 3-8a 为输入数值的情况下在控制台查看到的数据类型，由图可见，自动转换为 number 类型；图 3-8b 为输入字符串的情况下在控制台查看到的数据类型，由图可见，保持 string 类型。

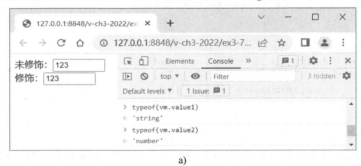

a)

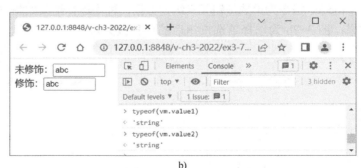

b)

图 3-8　v-model 指令与修饰符

```
<div id="app">
    未修饰：<input v-model="value1" /><br>
    修饰：<input v-model.number="value2" /><br>
</div>
<script>
    var vm = new Vue({
        el: '#app',
        data: {
            value1: '',
            value2: ''
        }
    });
</script>
```

3.1.4 v-if、v-else 和 v-show 指令

1. v-if 与 v-else 指令

v-if 指令用于条件渲染内容，内容只在指令的表达式返回值为 true 的时候被渲染。还可以用 v-else 指令添加一个 "else 块"，当指令的表达式返回值为 false 的时候渲染 "else 块"。

【例 3-8】 使用 v-if 与 v-else 指令提醒用户接受许可协议，程序运行结果如图 3-9 所示。图 3-9a 为没有选中 "接受许可协议" 复选框的结果；图 3-9b 为选中 "接受许可协议" 复选框的结果。

图 3-9 v-if 与 v-else 指令

```
<div id="app">
    <button v-if="vaccept">注册</button>
    <button v-else>您还没有接受许可协议！</button>
    <p><input type="checkbox" v-model="vaccept" />接受许可协议</p>
</div>
<script>
    var vm = new Vue({
        el: '#app',
        data: {
            vaccept: false
        }
    });
</script>
```

2. v-else-if 指令

Vue 2.1.0 新增了 v-else-if 指令，充当 v-if 指令的 "else-if 块"，可以连续多次使用。

【例 3-9】 使用 v-else-if 指令将用户角色编码转换为用户角色显示，程序运行结果如图 3-10 所示。图 3-10a 为输入为 4 的显示结果；图 3-10b 为输入为 1 的显示结果。

a)   b)

图 3-10   v-else-if 指令

```html
<div id="app">
    <input v-model="role" />
    <div v-if="role == '1'">管理员</div>
    <div v-else-if="role == '2'">注册用户</div>
    <div v-else-if="role == '3'">游客</div>
    <div v-else>未知用户</div>
</div>
<script>
    var vm = new Vue({
        el: '#app',
        data: {
            role: '4'
        }
    });
</script>
```

3. v-show 指令

v-show 指令也可以根据条件显示元素，与 v-if 指令不同的是，v-show 指令只是简单地切换元素的 display 属性，以便元素在视图中显示或隐藏，但是，在 DOM 中始终保留元素的渲染。

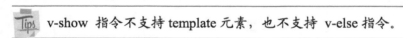

v-show 指令不支持 template 元素，也不支持 v-else 指令。

【例 3-10】 使用 v-show 指令控制"注册"按钮的显示与隐藏，程序运行结果如图 3-11 所示。图 3-11a 为未选中"接受许可协议"复选框的显示结果，图 3-11b 为选中"接受许可协议"复选框的显示结果。

a)   b)

图 3-11   v-show 指令

```html
<div id="app">
    <button v-show="vaccept" >注册</button> <br>
    <input type="checkbox" v-model="vaccept" />接受许可协议
```

```
    </div>
    <script>
        var vm = new Vue({
            el: '#app',
            data: {
                vaccept: false
            }
        });
    </script>
```

 ## 【任务实现】

1．任务设计

1）使用 v-model 指令对用户名和密码输入进行双向数据绑定。

2）使用 v-model 指令对复选框双向数据绑定，结合 v-show 指令控制"注册"按钮的显示与隐藏。

3）用简单判断语句判断用户名和密码是否有输入，如果有，则用文本绑定显示欢迎信息；如果没有，则给出提示信息。

2．任务实施

```
    <div id="app">
        用户名：<input v-model="vname" /><br>
        密码：<input v-model="vpass" /><br>
        <button @click="login" v-show="vaccept">注册</button> <br>
        <input type="checkbox" v-model="vaccept" />请接受许可协议
        <p style="color: red;" v-text="msg"></p>
    </div>
    <script>
        var vm = new Vue({
            el: '#app',
            data: {
                vname: '',
                vpass: '',
                vaccept: false,
                msg: ''
            },
            methods: {
                login() {
                    // 判断用户名和密码是否为空
                    if (this.vname != "" && this.vpass != "")
                        this.msg = '注册成功，欢迎' + this.vname;
                    else
                        this.msg = '用户名和密码不能为空！';
                }
            }
        });
    </script>
```

任务 3.2 开发用户登录程序

设计一个用户登录程序，程序运行结果如图 3-12 所示。图 3-12a 为程序初始运行结果；图 3-12b 为未输入验证码或验证码输入错误时的运行结果；图 3-12c 为用户名或密码输入错误时的运行结果；图 3-12d 为全部输入正确的运行结果。这里假定用户名为"admin"，密码为"123"，在实际网站开发中可以从服务器端动态获取用户名和密码。

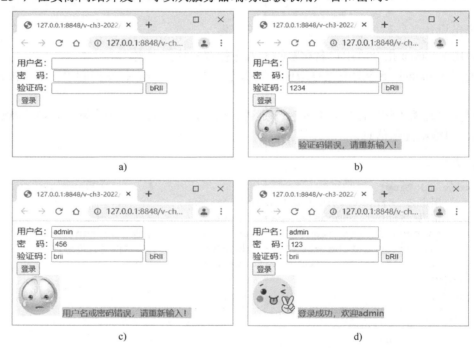

图 3-12 用户登录程序

3.2.1 v-bind 指令

v-bind 指令可以动态地为元素（组件）的一个或多个属性绑定值，是一种单向数据绑定，绑定语法格式如下。

```
v-bind: attribute=any
```

可以对任意属性进行绑定，绑定值可以取任意合法表达式或对象。"v-bind"也可以省略不写，直接以冒号开头后跟属性名。

【例 3-11】 使用 v-bind 指令绑定并显示如图 3-13 所示的图文信息。

```
<body>
    <div id="app">
        <img v-bind:src="imageSrc">
        <textarea v-bind:value="content"></textarea>
    </div>
```

```
<script>
    var vm = new Vue({
        el: '#app',
        data: {
            imageSrc: 'img/重阳节.jpg',
            content: '重阳节，是中国民间传统节日……登高赏秋与感恩敬老……'
        }
    });
</script>
</body>
```

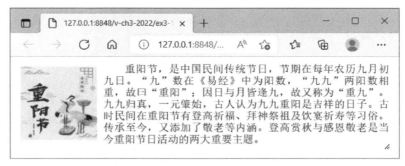

图 3-13 v-bind 指令显示图文信息

例 3-11 中的 "v-bind" 也可以省略不写，省略后页面代码如下，程序运行效果不变。

```
<div id="app">
    <img :src="imageSrc">
    <textarea :value="content"></textarea>
</div>
```

【例 3-12】 v-bind 单项绑定和内联表达式绑定示例。程序初始运行结果如图 3-14a 所示，第一个文本框显示 msg 数据项的初始值，第二个文本框显示包含 msg 数据项的表达式的值。图 3-14b 为修改第一个文本框的输入值为 8 时的程序运行结果。由运行结果可见，文本框输入值改变时，通过控制台输出的 Vue 实例中数据项 msg 的值并没有改变，第二个文本框中包含 msg 数据项的表达式的值也并没有改变，表明 v-bind 是一种单向数据绑定，视图数据的变化不会影响到 Vue 实例的数据，这一点与 v-model 不同。

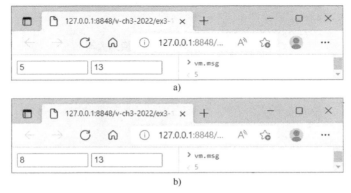

图 3-14 v-bind 单向数据绑定

```
<body>
    <div id="app">
```

```html
    <!-- 绑定 value 属性 -->
    <input v-bind:value="msg"></input>
    <!-- 内联字符串拼接绑定 value 属性 -->
    <input v-bind:value="msg*2+3"></input><br>
</div>
<script>
    var vm = new Vue({
        el: '#app',
        data: {
            msg: 5
        }
    });
</script>
</body>
```

3.2.2　过滤 v-bind 指令绑定的属性

v-bind 指令绑定的属性取值还可以用过滤选项进行数据过滤。将待过滤数据与过滤函数用管道运算符（|）进行分隔，函数默认有一个参数，就是管道运算符左侧待过滤的数据。如果没有其他参数，只写函数名即可；如果还有其他参数，则第一个参数是待过滤的数据，其他参数依次书写。

图 3-15　过滤 v-bind 指令绑定的值

【例 3-13】 将 v-bind 指令绑定的属性值用过滤选项进行格式化，程序运行结果如图 3-15 所示。

```html
<div id="app">
    <input v-bind:value="msg|formate"></input>
</div>
<script>
    var vm = new Vue({
        el: '#app',
        data: {
            msg: 'Hello app! '
        },
        filters: {
            formate(value) {
                // 调用字符串函数将字符串转换为大写
                return value.toUpperCase();
            }
        },
    });
</script>
```

3.2.3　绑定 class 与 style 属性

1．基本绑定语法

v-bind 可以通过绑定元素的 style 属性为元素动态设置样式值，也可以通过绑定元素的 class 属性为元素动态设置类样式。

【例 3-14】　元素样式绑定示例，程序运行结果如图 3-16 所示。上面的 div 元素为红色，下面的 div 元素为蓝色。

图 3-16　元素样式绑定

```
<head>
    <script src="js/vue.js"></script>
    <style>
        .div {
            width: 100px;
            height: 50px;
            background-color: red;
            margin: 10px 0;
        }
    </style>
</head>
<body>
    <div id="app">
        <div v-bind:class="box"></div>
        <div v-bind:style="{width:w,height:h,
            'background-color':c}"></div>
    </div>
    <script>
        var vm = new Vue({
            el: '#app',
            data: {
                box: 'div', //div 类样式名前面不需要加点号（.）
                w: '100px',
                h: '50px',
                c: 'blue'
            }
        });
    </script>
</body>
```

> **Tips**　由于绑定表达式不支持连字符 "-"，而背景色样式属性包含连字符，因此需要用引号引起来，或者改用驼峰命名法，即 backgroundColor，修改后的代码为 <div v-bind:style="{width:w,height:h,backgroundColor:c}"></div>。

2. 绑定对象与数组

通过数据绑定操作元素的 class 列表和内联样式在网页开发中经常使用，虽然可以通过表达式拼接字符串进行操作，但是非常麻烦，且容易出错。因此，在用 v-bind 指令绑定 class 和 style 属性时，Vue 做了专门的增强，表达式类型除了可以是字符串外，还可以是对象或数组。

v-bind:style 使用对象绑定与 CSS 的语法非常类似，使用和理解都更为方便，需要注意的是属性名需要改用驼峰命名法或用引号将包含短横线分隔的属性名包围起来。

【例 3-15】 修改例 3-14，将其中的内联样式绑定修改为对象绑定，使程序运行效果不变。

```html
<div id="app">
    <div v-bind:style="divstyle"></div>
</div>
<script>
    var vm = new Vue({
        el: '#app',
        data: {
            box: 'div',        //div 类样式定义同例 3-14，此处略
            // 内联样式对象
            divstyle: {
                width: '100px',
                height: '50px',
                backgroundColor: 'blue'
            }
        }
    });
</script>
```

【例 3-16】 修改例 3-15，将其中的类样式绑定修改为数组绑定，使程序运行效果不变。

```html
<head>
    <style>
        /* div 大小与边距设置 */
        .divsize {
            width: 100px;
            height: 50px;
            margin: 10px 0;
        }
        /* div 背景色设置 */
        .divcolor {
            background-color: red;
        }
    </style>
</head>
<body>
    <div id="app">
        <!-- 数组绑定 -->
        <div v-bind:class="[boxsize,boxcolor]"></div>
    </div>
    <script>
        var vm = new Vue({
            el: '#app',
            data: {
                boxsize: 'divsize',
                boxcolor: 'divcolor'
            }
        });
    </script>
</body>
```

【例 3-17】　修改例 3-15，将其中的内联样式绑定修改为数组绑定，使程序运行效果不变。

```
<div id="app">
    <!-- 数组绑定 -->
    <div v-bind:style="[divsize,divcolor]"></div>
</div>
<script>
    var vm = new Vue({
        el: '#app',
        data: {
            //内联样式对象
            divsize: {
                width: '100px',
                height: '50px'
            },
            divcolor: {
                backgroundColor: 'blue'
            }
        }
    });
</script>
```

【任务实现】

1. 任务设计

1）使用 v-model 指令对用户名和密码输入进行双向数据绑定。

2）使用 v-bind 指令单项绑定随机码到 input 元素生成的按钮上进行显示。

3）随机码生成时，为了让数据量小一点，字母全部使用了大写，同时为了最终显示效果有大小写组合，通过过滤选项将随机码的首位转化为小写。

4）使用样式绑定语法根据用户的输入情况动态更新显示的图片，登录成功显示笑脸图片，不成功显示伤心的图片。

5）用数组给提示信息绑定样式。

2. 任务实施

```
<html>
    <head>
        <meta charset="utf-8">
        <title></title>
        <script src="js/vue.js"></script>
        <style>
            /* 初始图片不显示 */
            .img {
                width: 0;
                height: 0;
            }
            /* 设置图片的显示大小 */
            .v_img {
                width: 80px;
                height: 80px;
            }
```

```
        </style>
    </head>
    <body>
        <div id="app">
            用户名：<input v-model="vname" /><br>
            密码：<input v-model="vpass" /><br>
            验证码：<input type="text" v-model="valid" />
            <input type="button" v-bind:value="code|formatCode"
                @click="refresh" /><br>
            <button @click="login">登录</button> <br>
            <!-- 单击"登录"按钮后的信息和图片显示 -->
            <img v-bind:class='v_img' v-bind:src="src">
            <span v-bind:style="[color,bgcolor]" v-text="msg"></span>
        </div>
        <script>
            var vm = new Vue({
                el: '#app',
                data: {
                    color: {
                        color: 'blue'
                    },
                    bgcolor: {
                        backgroundColor: 'pink'
                    },
                    vname: '',
                    vpass: '',
                    msg: '',
                    code: createCode(),
                    valid: '',
                    v_img: 'img'
                },
                methods: {
                    login() {
                        // 设置图片显示大小，确保图片能够显示
                        this.v_img = "v_img";
                        // 用户输入和随机码都转换为大写进行比较
                        if (this.valid.toUpperCase()
                                        == this.code.toUpperCase())
                            // 假定用户名为 admin,密码为 123
                            if (this.vname == "admin" &&
                                        this.vpass == '123') {
                                this.src = "./img/开心.png";
                                this.msg = '登录成功，欢迎' + this.vname;
                            }
                            else {
                                this.src = "./img/伤心.png";
                                this.msg = '用户名或密码错误，请重新输入！';
                            }
                        else {
                            this.src = "./img/伤心.png";
                            this.msg = '验证码错误，请重新输入！';
                        }
                    },
                    refresh() {
```

```
                        // 在随机码上单击重新生成随机码
                        this.code = createCode();
                    }
                },
                filters: {
                    formatCode(value) {
                        // 设置字符串格式，将首字符改为小写
                        return value.charAt(0).toLowerCase()
                            + value.substring(1);
                    }
                }
            });
            //生成四位随机数
            function createCode() {
                //设置 code 初始值为空字符串
                var code = '';
                //设置随机码字符串长度
                var codeLength = 4;
                //设置随机字符取值范围
                var random = new Array(0, 1, 2, 3, 4, 5, 6, 7, 8, 9,
                    'A', 'B', 'C', 'D', 'E', 'F', 'G', 'H', 'I',
                    'J', 'K', 'L', 'M', 'N', 'O', 'P', 'Q', 'R',
                    'S', 'T', 'U', 'V', 'W', 'X', 'Y', 'Z');
                //循环生成每一个随机字符
                for (var i = 0; i < codeLength; i++) {
                    //从 36 个字符中随机确定选择哪一个字符
                    var index = Math.floor(Math.random() * 36);
                    //将每次随机的字符拼接进 code
                    code += random[index];
                }
                //返回拼接好的字符串
                return code;
            }
        </script>
    </body>
</html>
```

任务 3.3　设计电子商务购物车

设计一个如图 3-17 所示的购物车页面，商品数量变化时会自动
计算商品价格的小计和总计，每种商品可以购买的数量最多为 5 件，
不能为负数，超出范围均用对话框弹出提示信息，并不再修改商品数
量，单击"确认购买"按钮跳转到一个新的页面，模拟购买成功。

3-3
电子商务购物车
用户登录程序

3.3.1　v-for 指令

v-for 指令可以把数组渲染成一个列表，使用"item in items"形式的语法，其中 item 表示
当前被迭代的数据项，items 是源数据数组的名称。

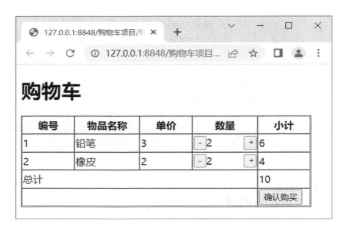

图 3-17　购物车页面

【例 3-18】　使用 v-for 指令遍历显示数组的元素，程序运行结果如图 3-18 所示。

图 3-18　v-for 指令基础

```
<div id="app">
    <span v-for="item in nums">{{item}}</span>
</div>
<script>
    var vm = new Vue({
        el: '#app',
        data: {
            nums: ['为','中','华','之','崛','起','而','读','书']
        }
    });
</script>
```

v-for 还支持对当前项的索引访问，使用 "(item, index) in items" 形式的语法，其中 item 表示当前被迭代的数据项，index 表示当前被迭代的数据项的索引，items 是源数据数组的名称。在 v-for 块中可以访问所有具有父作用域的属性。

【例 3-19】　使用 v-for 指令显示数组的元素及其索引，程序运行结果如图 3-19 所示。

图 3-19　使用 v-for 指令显示数组的元素及其索引

```
<ul id="app">
    <li v-for="(item, index) in items">
        <!-- id 为具有父级作用域的数据 -->
        {{id}} {{index+1}} : {{item.name}}
    </li>
</ul>
<script>
    var vm = new Vue({
        el: '#app',
        data: {
            id: 'No.',
            items: [{
                name: 'Foo'
            }, {
                name: 'Bar'
            }]
        }
    });
</script>
```

使用 v-for 指令还可以遍历显示对象的属性。使用"(value,name) in object"形式的语法,其中 value 表示当前被迭代的数据项的值,name 表示当前被迭代的数据项的名字,object 是源数据对象的名称。

【例 3-20】 使用 v-for 指令显示对象的值及其键,程序运行结果如图 3-20 所示。

图 3-20　使用 v-for 指令显示对象的值及其键

```
<div id="app">
    <!-- 商品列表 -->
    <li v-for="(value,name) in object">
        {{name}}: {{value}}
    </li>
</div>
<script>
    var vm = new Vue({
        el: '#app',
        data: {
            object: {
                id: "001",
                name: "铅笔",
                price: 3
            }
        }
    });
</script>
```

【例3-21】 使用 v-for 指令遍历显示对象数组，程序运行结果如图 3-21 所示。

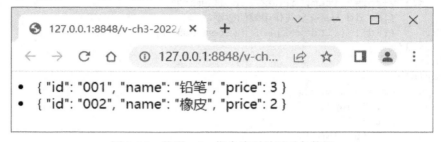

图 3-21　使用 v-for 指令遍历显示对象数组

```html
<div id="app">
    <li v-for="(item,key) in list">
        {{item}}
    </li>
</div>
<script>
    var vm = new Vue({
        el: '#app',
        data: {
            // 商品数据列表
            list: [{
                    id: "001",
                    name: "铅笔",
                    price: 3
                },
                {
                    id: "002",
                    name: "橡皮",
                    price: 2
                }
            ]
        }
    });
</script>
```

【例3-22】 修改例 3-21 的数据显示格式，使数据显示更为友好，程序运行结果如图 3-22 所示。

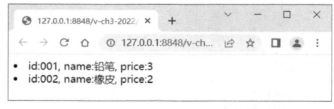

图 3-22　v-for 指令显示对象数组

```html
<div id="app">
    <li v-for="(item,key) in list">
        id:{{item.id}}, name:{{item.name}}, price:{{item.price}}
    </li>
</div>
```

3.3.2 v-on 指令

Vue 使用 v-on 指令监听 DOM 事件，并在触发时运行 JavaScript 代码，如果代码的处理逻辑简单，可以直接将处理代码写在属性中；如果代码的处理逻辑较为复杂，一般将代码组织为一个方法，将方法传递给 v-on 指令，方法中也可以包含参数。v-on 指令也可以简写为@。

【例 3-23】 使用 v-on 指令为按钮绑定一个单击事件，每次单击时计数器加 1，程序运行结果如图 3-23 所示。

图 3-23 v-on 指令

```
<div id="app">
    <p>单击了{{count}}次</p>
    <button v-on:click="count++">请单击</button>
</div>
<script>
    var vm = new Vue({
        el: '#app',
        data: {
            count: 0
        }
    });
</script>
```

【例 3-24】 修改例 3-23，将单击事件代码放在方法里，实现同样的效果。

```
<div id="app">
    <p>单击了{{count}}次</p>
    <button @click="btnclick">请单击</button>
</div>
<script>
    var vm = new Vue({
        el: '#app',
        data: {
            count: 0
        },
        methods:{
            btnclick(){
                this.count++;
            }
        }
    });
</script>
```

【例 3-25】 修改例 3-24，给单击事件方法添加参数，使每次单击时增加的值为传过去的参数值。

```
<div id="app">
    <p>单击了{{count}}次</p>
    <button @click="btnclick(5)">请单击</button>
</div>
<script>
    var vm = new Vue({
        el: '#app',
        data: {
            count: 0
        },
        methods: {
            btnclick: function(step) {
                this.count += step;
            }
        }
    });
</script>
```

v-on 指令还可以监听多个方法。例如，以下代码为<input>组件添加了 3 个方法。

```
<input type="text" v-on="{ input:onInput,focus:onFocus,blur:onBlur, }">
```

3.3.3　v-on 指令修饰符

1. 事件修饰符

对 v-on 指令定义的事件还可以使用事件修饰符进一步限定，修饰符是由点开头的指令后缀来表示的。各事件修饰符的说明如下。

- .stop：阻止事件冒泡。
- .prevent：阻止默认事件。
- .capture：事件捕获。
- .self：将事件绑定到元素本身，只有元素本身才能触发。
- .native：监听组件根元素的原生事件。
- .once：只触发一次回调。

【例 3-26】　修改例 3-25，将按钮修改为超链接元素 a，使用事件修饰符阻止超链接元素跳转。

```
<div id="app">
    <p>单击了{{count}}次</p>
    <!-- 阻止超链接元素的自动跳转 -->
    <a v-on:click.prevent="btnclick(5)"
       href="https://vuejs.bootcss.com">请单击</a>
</div>
```

事件修饰符还可以"串联"，但是串联的顺序非常重要。例如，v-on:click.prevent.self 会阻止所有的单击，而 v-on:click.self.prevent 只阻止对元素自身的单击。

【例 3-27】　修改例 3-26，使用事件修饰符串联实现第一次单击时阻止超链接元素的跳转功能，调用单击事件方法。

```
<div id="app">
    <p>单击了{{count}}次</p>
    <!-- 仅阻止超链接元素的第一次跳转 -->
```

```
    <a v-on:click.once.prevent="btnclick(5)"
        href="https://vuejs.bootcss.com">请单击</a>
</div>
```

观察例 3-26 和例 3-27 的运行结果可以发现，在例 3-26 中阻止了超链接元素的跳转功能，在例 3-27 中交替调用超链接元素的单击事件和跳转功能。

2. 按键修饰符

在监听键盘事件时，经常需要确认具体的按键，Vue 允许 v-on 在监听键盘事件时添加按键修饰符。各按键修饰符及其说明如下。

● .left：单击鼠标左键时触发。
● .right：单击鼠标右键时触发。
● .middle：单击鼠标中键时触发。
● .passive：使用 { passive: true } 模式添加侦听器。
● .enter：按〈Enter〉键时触发。

例如，以下代码表示按〈Enter〉键时调用 submit() 方法。

```
<input v-on:keyup.enter="submit">
```

【任务实现】

1. 任务设计

1）使用 v-for 指令遍历显示商品数据。

2）使用 v-on 指令定义元素的事件，响应用户的数量修改操作。

3）使用简单判断逻辑确保数量在规定的范围内。

4）每次购买数量发生变化都需要重新汇总，将总计单独设计为一个函数方便调用。

2. 任务实施

```
<html>
    <head>
        <meta charset="utf-8">
        <title>购物车</title>
        <script src="./js/vue.js"></script>
        <style>
            /* 定义表格样式 */
            tr {
                height: 30px;
            }
            td {
                width: 80px;
            }

            /* 定义按钮样式 */
            .button-left {
                width: 20px;
                float: left;
            }
            .button-right {
```

```
                width: 20px;
                float: right;
            }
            .button-buy {
                margin: 0 auto;
            }
        </style>
    </head>
    <body>
        <div id="app">
            <table border="1px" cellspacing="0">
                <caption>
                    <h1>购物车</h1>
                </caption>
                <!-- 表头 -->
                <tr>
                    <th>编号</th>
                    <th width="100px">物品名称</th>
                    <th>单价</th>
                    <th width="100px">数量</th>
                    <th>小计</th>
                </tr>
                <!-- 商品列表 -->
                <tr v-for="(item,key) in list">
                    <td>{{item.id}}</td>
                    <td>{{item.name}}</td>
                    <td>{{item.price}}</td>
                    <!-- 购买数量 -->
                    <td>
                        <button class="button-left" @click="sub(item)">
                            -</button>
                        {{item.num}}
                        <button class="button-right" @click="add(item)">
                            +</button>
                    </td>
                    <!-- 小计 -->
                    <td>{{item.count}}</td>
                </tr>
                <!-- 总计 -->
                <tr>
                    <td colspan="4">总计</td>
                    <td>{{total}}</td>
                </tr>
                <tr>
                    <td colspan="4"></td>
                    <td>
                        <a href="确认购买.html"><button>确认购买</button>
                        </a>
                    </td>
                </tr>
            </table>
        </div>
        <script>
            var vm = new Vue({
```

```
            el: '#app',
            data: {
                //商品数据列表
                list: [{
                        id: "001",
                        name: "铅笔",
                        price: 3,
                        num: 0,
                        count: 0
                    },
                    {
                        id: "002",
                        name: "橡皮",
                        price: 2,
                        num: 0,
                        count: 0
                    }
                ],
                total: 0
            },
            methods: {
                add: function(item) {
                    //商品数量判断
                    if (item.num < 5)
                        item.num++;
                    else
                        window.alert("最多只能购买 5 件");
                    //小计价值
                    item.count = item.num * item.price;
                    this.total = cal(this.list);
                },
                sub: function(item) {
                    //商品数量判断
                    if (item.num > 0)
                        item.num--;
                    else
                        window.alert("已经为 0 件");
                    //小计价值
                    item.count = item.num * item.price;
                    this.total = cal(this.list);
                }
            }
        });

        function cal(arr) {
            // 总计赋初始值 0
            var sum = 0;
            //累加小计得出总值
            for (let i = 0, len = arr.length; i < len; i++) {
                sum += arr[i].count;
            }
            return sum;
        }
</script>
```

```
        </body>
    </html>
```

模块小结

本模块介绍 Vue 指令的用法。指令是 Vue 响应式开发的重要内容，通过指令可以绑定数据、样式、事件等，尤其是使用指令实现了数据的双向绑定，应用非常灵活，极大地简化了编程，读者应熟练掌握指令的用法。本模块通过 3 个工作任务示范了指令的经典应用场景，可作为网页开发的案例使用，工作任务与知识点关系的思维导图如图 3-24 所示。

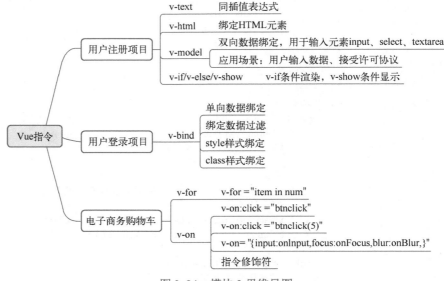

图 3-24　模块 3 思维导图

习题 3

1. 简述 v-show 和 v-if 指令的区别与联系。
2. 简述 v-model 双向数据绑定的用法。
3. 简述事件绑定的方法与事件修饰符的作用与用法。
4. 简述 v-for 指令的用法。
5. 简述 class 与 style 绑定的用法。
6. 下列关于 v-model 指令的说法，哪项是不正确的？（　　　）
    A．v-model 指令能够实现双向数据绑定
    B．v-model 通过监听用户的输入更新数据
    C．v-model 是内置指令，不能使用在自定义组件上
    D．对 input 元素使用 v-model 本质上是指定其:value 和:input

7．给 v-on 指令设置＿＿＿＿＿值可以监听多个方法。

8．以下哪个指令能够实现列表渲染？（　　　）

　　A．v-for　　　　　　　　B．v-on　　　　　　　　C．v-if　　　　　　　　D．v-show

9．以下哪个指令能够监听元素的事件？（　　　）

　　A．v-for　　　　　　　　B．v-on　　　　　　　　C．v-if　　　　　　　　D．v-show

10．以下哪个不是 v-bind 绑定指令的操作？（　　　）

　　A．样式绑定　　　　　　　　　　　　　　B．类样式绑定

　　C．双向数据绑定　　　　　　　　　　　　D．文本绑定

11．以下哪个不是 v-on 指令的修饰符？（　　　）

　　A．.stop　　　　　　　　B．.once　　　　　　　　C．.middle　　　　　　　D．.center

实训 3

1．完善实训 2 中的用户注册项目，要求注册时接受许可协议，带有验证码验证，注册信息通过双向数据绑定动态输入。每次单击"添加用户"按钮将一条用户信息写入数组，并显示出来。

2．设计一个比较两个数大小的程序，页面中有两个输入框，分别用于输入两个数字。有一个按钮，单击按钮比较两个输入数字的大小，用插值表达式输出较大的数。

```html
<div id="app">
    请输入数 1：<input type="number" v-model="num1" /><br />
    请输入数 2：<input type="number" v-model="num2" />
    <button @click="compare()">比较</button><br />
    较大数：{{result}}
</div>
<script>
    var vm = new Vue({
        el: '#app',
        data: {
            result: ''
        },
        methods: {
            compare() {
                if (this.num1 >= this.num2)
                    this.result = this.num1;
                else
                    this.result = this.num2;
            }
        }
    });
</script>
```

3．完善本模块任务 3.3，将小计和总计改为计算属性，提高程序效率。

模块 4　Vue 过渡

【学习目标】

知识目标

1）掌握过渡组件<transition>的用法。

2）掌握列表过渡组件<transition-group>的用法。

3）掌握多个元素过渡的方法。

4）掌握列表的排序、交错、状态过渡方法。

5）了解 FLIP（First、Last、Invert、Play）动画队列的概念。

能力目标

1）具备使用过渡组件<transition>实现元素动画的能力。

2）具备使用第三方动画库的能力。

3）具备使用列表过渡组件<transition-group>实现列表动画的能力。

素质目标

1）具有使用过渡组件设计具有动画效果应用程序的素质。

2）具有页面设计审美与关注用户体验的人文社会科学素养。

3）具有团队协作精神。

4）具有良好的软件编码规范素养。

任务 4.1　学习过渡组件

Vue 在插入、更新或者移除 DOM 时，提供了多种不同方式实现过渡效果，包括自动应用样式类、使用第三方动画类库、使用 JavaScript 操作 DOM 等。

4.1.1　<transition>组件定义

Vue 提供了封装组件实现过渡效果，结合条件渲染（v-if）和条件显示（v-show）可以给任何元素和组件添加进入/离开的过渡效果。组件语法格式如下。

```
<transition>
    <!--需要添加过渡效果的组件-->
</transition>
```

过渡其实就是一个淡入淡出的效果，Vue 在元素显示与隐藏的过渡中，提供了 6 个类来切换过渡样式，说明如表 4-1 所示。

表 4-1　<transition>组件过渡样式的类

类名	说　明
v-enter	定义进入过渡的开始状态。在元素被插入之前生效，在元素被插入之后的下一帧移除
v-enter-active	定义进入过渡生效时的状态。在整个进入过渡的阶段中应用，在元素被插入之前生效，在过渡/动画完成之后移除。这个类可以用来定义进入过渡的过程时间、延迟和曲线函数
v-enter-to	Vue 2.1.8 及以上版本定义进入过渡的结束状态。在元素被插入之后下一帧生效（与此同时，v-enter 被移除），在过渡/动画完成之后移除
v-leave	定义离开过渡的开始状态。在离开过渡被触发时立刻生效，在下一帧被移除
v-leave-active	定义离开过渡生效时的状态。在整个离开过渡的阶段中应用，在离开过渡被触发时立刻生效，在过渡/动画完成之后移除。这个类可以用来定义离开过渡的过程时间、延迟和曲线函数
v-leave-to	Vue 2.1.8 及以上版本定义离开过渡的结束状态。在离开过渡被触发之后下一帧生效（与此同时，v-leave 被删除），在过渡/动画完成之后移除

过渡样式的类与元素样式变化时的对应关系如图 4-1 所示。

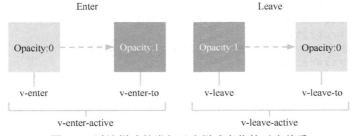

图 4-1　过渡样式的类与元素样式变化的对应关系

Tips　这里，过渡样式的类名使用了默认前缀 "v-"。

1. 过渡（transition 属性）

CSS 使用 transition 属性定义元素的过渡效果，在<transition>组件的 v-enter-active 和 v-leave-active 类里定义 transition 属性能够实现元素的过渡动画效果。

【例 4-1】　设计一个如图 4-2 所示的元素显示和隐藏的简单动画。图 4-2a 为元素显示效果，图 4-2b 为元素隐藏效果。

图 4-2　简单的宽度变化动画

```
<head>
    <style>
        /* 元素初始样式 */
        .box {
            width: 200px;
            height: 50px;
```

```
            background-color: burlywood;
        }

        /* 设置持续时间和动画函数 */
        .v-enter-active,.v-leave-active {
            transition: width 3s;
        }

        /* 动画开始与已经离开 */
        .v-enter,.v-leave-to {
            width: 0px;
        }
    </style>
</head>
<body>
    <div id="app">
        <button @click="toggle">宽度动画</button>
        <transition>
            <div v-if="show" class="box"></div>
        </transition>
    </div>
    <script>
        var vm = new Vue({
        el: '#app',
            data: {
                show: true
            },
            methods: {
                // 元素显示隐藏切换
                toggle() {
                    this.show = !this.show;
                }
            }
        });
    </script>
</body>
```

【例4-2】 设计一个如图 4-3 所示的包含文字的盒子旋转的动画。初始显示效果如图 4-3a 所示，单击"开始动画"按钮后旋转和改变背景色，动画过程的某一时刻如图 4-3b 所示。

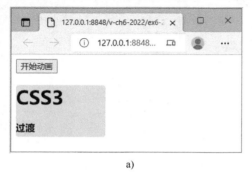

a)

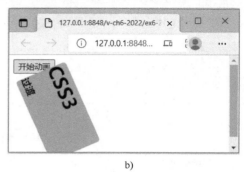

b)

图 4-3　盒子旋转的动画

```
</head>
    <style>
```

```css
        /* 元素初始样式 */
        .box {
            /* 设置盒子初始宽 150px,高 90px */
            width: 150px;
            height: 90px;
            /* 设置元素背景色和 5px 的圆角 */
            background-color: yellow;
            border-radius: 5px;
        }

        /* 设置持续时间和动画函数 */
        .v-enter-active,.v-leave-active {
            transition: all 1s;
        }

        /* 动画开始与已经离开 */
        .v-enter,.v-leave-to {
            /* 元素背景颜色变化 */
            background-color: aqua;
            /* 顺时针旋转 180 度 */
            transform: rotate(180deg);
        }
    </style>
</head>
<body>
    <div id="app">
        <button @click="toggle">开始动画</button>
        <transition>
            <div v-if="show" class="box">
                <h1>CSS</h1>
                <h4>过渡</h4>
            </div>
        </transition>
    </div>
    <script>
        var vm = new Vue({
            el: '#app',
            data: {
                show: true
            },
            methods: {
                // 元素显示隐藏切换
                toggle() {
                    this.show = !this.show;
                }
            }
        });
    </script>
</body>
```

2．动画（animation 属性）

CSS 使用 animation 属性定义元素的动画效果，在<transition>组件关联的 v-enter-active 和 v-leave-active 类里定义 animation 属性能够实现元素的动画效果。

动画属性与过渡属性的用法类似，主要区别是动画中 v-enter 类定义的样式在节点插入 DOM 后不会立即删除，在 animationend 事件触发时才删除。

【例 4-3】 修改例 4-1，用动画实现元素宽度变化的动画。

仅修改动画相关的代码，元素基本样式和实例代码不变，修改的代码如下。

```
<style>
    /* 元素初始样式不变 */

    /* 设置持续时间和动画函数 */
    .v-enter-active {
        animation: widthchange 3s;
    }

    /* 设置持续时间和动画函数，动画模式为翻转 */
    .v-leave-active {
        animation: widthchange 3s reverse;
    }

    @keyframes widthchange {
        0% {
            width: 0px;
        }
        100% {
            width: 200px;
        }
    }
</style>
```

> **Tips** 不同浏览器对动画的支持程度不一样，完善的程序还应该加上浏览器前缀，这里鉴于篇幅省略。

4.1.2 类名前缀属性

如果有多个<transition>组件，用默认类名前缀"v-"就难以满足要求了，这时就需要给<transition>组件增加 name 属性加以区分，语法格式如下。

```
<transition name = "rename">
    <!--需要过渡效果的组件-->
</transition>
```

属性 name 定义<transition>组件与过渡相关的类名的前缀。

【例 4-4】 在例 4-1 中再增加一个盒子元素 div，实现一个盒子的宽度和另一个盒子的高度同时变化的动画效果，程序运行结果如图 4-4 所示，图 4-4a 是初始显示效果，图 4-4b 是全部隐藏显示效果。

a)   b)

图 4-4 两个盒子的动画

```
<style>
    /* 元素初始样式 */
    .box {
        width: 50px;
        height: 50px;
        background-color: burlywood;
    }

    /* 宽度动画 */
    .width-enter-active,.width-leave-active {
        transition: width 3s;
    }

    .width-enter,.width-leave-to {
        width: 0px;
    }

    /* 高度动画 */
    .height-enter-active,.height-leave-active {
        transition: height 3s;
    }

    .height-enter,.height-leave-to {
        height: 0px;
    }
</style>
<div id="app">
    <p><button @click="toggle1">宽度动画</button></p>
    <p>宽度动画：</p>
    <transition name="width">
        <div v-if="show1" class="box"></div>
    </transition>
    <p><button @click="toggle2">高度动画</button></p>
    <p>高度动画：</p>
    <transition name="height">
        <div v-if="show2" class="box"></div>
```

```
        </transition>
    </div>
    <script>
        var vm = new Vue({
            el: '#app',
            data: {
                show1: true,
                show2: true
            },
            methods: {
                //元素显示隐藏切换
                toggle1() {
                    this.show1 = !this.show1;
                },
                toggle2() {
                    this.show2 = !this.show2;
                }
            }
        });
    </script>
```

4.1.3　自定义类名属性

如果在过渡效果中需要使用多个类样式，即使用多类名选择器，就需要设置<transition>组件的过渡属性，对应 6 个过渡类提供了 6 个属性，说明如表 4-2 所示。

表 4-2　<transition>组件过渡相关的属性

属性名	说　　明
enter-class	定义 enter 相关的类样式
enter-active-class	定义 enter-active 相关的类样式
enter-to-class	定义 enter-to 相关的类样式
leave-class	定义 leave 相关的类样式
leave-active-class	定义 leave-active 相关的类样式
leave-to-class	定义 leave-to 相关的类样式

属性定义的优先级高于类名，对 Vue 的过渡系统与第三方 CSS 动画库（如 animate.css）结合使用十分有用。

> 第三方动画类库可以通过网络引用，也可以下载到本地引用，直接打开引用网址另存文件即可将类库保存到本地。

【例 4-5】　用自定义类名属性修改例 4-3，实现元素宽度变化的动画。

```
<head>
    <style>
        /* 元素初始样式 */
        .box {
            width: 200px;
            height: 50px;
            background-color: burlywood;
        }
```

4-2
animate 动画

```
        /* 动画进入过程类 */
        .animation-enter-active {
            animation: widthchange 3s;
        }
        /* 动画离开过程类 */
        .animation-leave-active {
            animation: widthchange 3s reverse;
        }
        @keyframes widthchange {
            0% {
                width: 0px;
            }
            100% {
                width: 200px;
            }
        }
    </style>
</head>
<body>
    <div id="app">
        <button @click="toggle">宽度动画</button>
        <transition leave-active-class="animation-leave-active"
                enter-active-class="animation-enter-active">
            <div v-if="show" class="box"></div>
        </transition>
    </div>
    <script>
        var vm = new Vue({
            el: '#app',
            data: {
                show: true
            },
            methods: {
                // 元素显示隐藏切换
                toggle() {
                    this.show = !this.show;
                }
            }
        });
    </script>
</body>
```

【例 4-6】　使用第三方类库 animate.css，实现文字的动画效果。

```
<head>
    <script src="js/vue.js"></script>
    <link href="js/animate.css" rel="stylesheet" type="text/css">
</head>
<body>
    <div id="app">
        <button @click="toggle">开始动画</button>
        <!-- tada、bounceOutRight 是 animate.css 动画类库的类样式 -->
        <transition enter-active-class="animated tada"
                leave-active-class="animated bounceOutRight">
            <p v-if="show">animate 动画</p>
```

```
            </transition>
        </div>
        <script>
            var vm = new Vue({
                el: '#app',
                data: {
                    show: true
                },
                methods: {
                    // 元素显示隐藏切换
                    toggle() {
                        this.show = !this.show;
                    }
                }
            });
        </script>
    </body>
```

> **Tips**　animate 是一个纯 CSS 动画库，包含了许多常用的 CSS 动画，如 bounce 弹跳、flash 闪烁、shake 左右晃动、tada 放大缩小和左右上下晃动等。

4.1.4　钩子函数

在<transition>组件中还可以通过 v-on 属性绑定钩子函数定义过渡效果，可以声明 8 种钩子函数。

```
<transition
    v-on:before-enter="beforeEnter"
    v-on:enter="enter"
    v-on:after-enter="afterEnter"
    v-on:enter-cancelled="enterCancelled"

    v-on:before-leave="beforeLeave"
    v-on:leave="leave"
    v-on:after-leave="afterLeave"
    v-on:leave-cancelled="leaveCancelled">
```

钩子函数可以结合 CSS transitions/animations 使用，也可以单独使用。当只用 JavaScript 代码过渡的时候，在 enter 和 leave 钩子函数中必须使用 done 进行回调。否则其会被同步调用，过渡会立即完成。

对于仅使用 JavaScript 过渡的元素可以添加 v-bind:css="false"属性，以使 Vue 跳过 CSS 检测，避免过渡过程中 CSS 对过渡的影响。

【例 4-7】　使用第三方 JavaScript 动画库 velocity.js，实现文字的动画。

4-3
velocity 动画

```
<html>
    <head>
        <script src="js/velocity.min.js"></script>
        <script src="js/vue.js"></script>
    </head>
    <body>
        <div id="app">
```

```
        <button v-on:click="toggle">开始动画</button>
        <transition v-bind:css="false" v-on:before-enter="beforeEnter"
                v-on:enter="enter" v-on:leave="leave">
            <p v-if="show">velocity 动画</p>
        </transition>
    </div>
    <script>
        var vm = new Vue({
            el: '#app',
            data: {
                show: false
            },
            methods: {
                toggle() {
                    this.show = !this.show;
                },
                // 进入之前的过渡效果
                beforeEnter: function(el) {
                    el.style.opacity = 0
                    el.style.transformOrigin = 'left'
                },
                // 进入的过渡效果
                enter: function(el, done) {
                    Velocity(el, {
                        opacity: 1,
                        fontSize: '1.4em'
                    }, {
                        duration: 300
                    })
                    Velocity(el, {
                        fontSize: '1em'
                    }, {
                        complete: done
                    })
                },
                // 离开的过渡效果
                leave: function(el, done) {
                    Velocity(el, {
                        translateX: '15px',
                        rotateZ: '50deg'
                    }, {
                        duration: 600
                    })
                    Velocity(el, {
                        rotateZ: '100deg'
                    }, {
                        loop: 2
                    })
                    Velocity(el, {
                        rotateZ: '45deg',
                        translateY: '30px',
                        translateX: '30px',
```

```
                    opacity: 0
                }, {
                    complete: done
                })
            }
        }
    });
</script>
</body>
</html>
```

> velocity 是一个功能丰富、简单易用的轻量级 JavaScript 动画库, 不依赖于 jQuery, 但是能够与 jQuery 完美协作, 和$.animate()有相同的 API, 包含$.animate()的全部功能, 还拥有颜色动画、转换动画(transforms)、循环、缓动、SVG 动画和滚动动画等特色功能。

4.1.5　初始动画属性

如果希望元素在页面打开时就有动画效果, 可以在<transition>组件中设置 appear 属性, 定义格式如下。

```
<transition
    appear
    appear-class="custom-appear-class"
    appear-to-class="custom-appear-to-class" (2.1.8+)
    appear-active-class="custom-appear-active-class">
```

appear 属性开启元素的初始动画, appear-class 定义元素的初始样式, appear-to-class 定义元素过渡完成的样式, appear-active-class 定义整个过渡过程的元素样式。

【例 4-8】　给例 4-6 的文字增加初始动画效果。

为<transition>组件增加元素初始动画的属性设置, 代码如下。

```
<transition appear appear-active-class="animated swing"
    enter-active-class="animated tada"
    leave-active-class="animated bounceOutRight">
```

任务 4.2　掌握多元素过渡方法

前一节讨论了同一个元素不同样式的过渡效果, 本节讨论不同元素之间的切换过渡。

4.2.1　多元素过渡

针对 HTML 原生标签, 可以使用 v-if/v-else 指令实现元素的切换过渡。

1. 不同标签名元素

针对不同标签名元素, 只需要用<transition>组件将需要过渡的元素包裹起来, 在元素中使用 v-if 和 v-else 进行元素切换即可。

【例 4-9】　设计一个两个元素切换的简单动画, 检测文本框有无输入值的情况, 程序运行结果如图 4-5 所示, 图 4-5a 是无输入的显示效果, 图 4-5b 是有输入的显示效果。

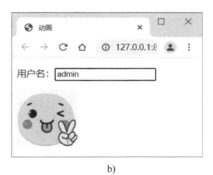

a)   b)

图 4-5　两个元素切换的动画

```
<body>
    <div id="app">
        <p>用户名：<input v-model="num"></p>
        <transition>
            <img src="img/开心.png" v-if="num">
            <p v-else style="color: #FF0000;">请输入用户名！</p>
        </transition>
    </div>
    <script>
        var vm = new Vue({
            el: '#app',
            data: {
                num: ''
            }
        });
    </script>
</body>
```

2. 相同标签名元素

如果多个元素的标签名相同，就需要通过为元素设置 key 属性值来标记元素，以便 Vue 能够区分元素节点。key 是每一个元素节点的唯一 id，其唯一性还可以被 Map 数据结构充分利用，降低遍历查找的时间复杂度。因此，在实际使用中，针对<transition>组件中多个不同标签名的元素往往也会设置 key 属性值。

【例 4-10】　设计一个按钮切换的简单动画，模拟保存和取消用户输入的情况，程序运行结果如图 4-6 所示，图 4-6a 是用户没有输入时显示"取消"按钮的效果，图 4-5b 是用户有输入时显示"保存"按钮的效果。

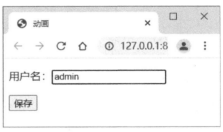

a)   b)

图 4-6　两个元素切换的动画

```html
<body>
    <div id="app">
        <p>用户名：<input v-model="isSave"></p>
        <transition>
            <button v-if="isSave" key="save">保存</button>
            <button v-else key="cancel">取消</button>
        </transition>
    </div>
    <script>
        var vm = new Vue({
            el: '#app',
            data: {
                isSave: ''
            }
        });
    </script>
</body>
```

3. 绑定 key 属性

还可以通过给同一个元素的 key 属性设置不同的状态来代替 v-if 和 v-else，这种情况下，就可以用绑定的方式设置元素的 key 属性值，简化代码的书写。

【例 4-11】 修改例 4-10，用绑定的方式设置 key 属性，实现同样的效果。

```html
<body>
    <div id="app">
        <p>用户名：<input v-model="isSave"></p>
        <transition>
            <button v-bind:key="isSave">
                {{isSave ? '保存' : '取消'}}
            </button>
        </transition>
    </div>
    <script>
        var vm = new Vue({
            el: '#app',
            data: {
                isSave: ''
            }
        });
    </script>
</body>
```

4. 绑定 key 属性到计算属性

如果绑定的 key 属性有多个取值，可以结合计算属性书写程序代码。

【例 4-12】 设计一个用户角色切换的简单动画，根据用户输入的数字显示对应的角色，程序运行结果如图 4-7 所示。图 4-7a、图 4-7b、图 4-7c 分别为数字 1、2、4 对应的角色。

a)　　　　　　　　　　b)　　　　　　　　　　c)

图 4-7　4 个元素切换的动画

```
<body>
    <div id="app">
        <p>用户角色：<input v-model="role"></p>
        <transition>
            <span v-bind:key="role" >
                {{rolename}}
            </span>
        </transition>
    </div>
    <script>
        var vm = new Vue({
            el: '#app',
            data: {
                role: '1'
            },
            computed: {
                rolename() {
                    switch (this.role) {
                        case '1':return '管理员'
                        case '2':return '注册用户'
                        case '3':return '游客'
                        default:return '未知用户'
                    }
                }
            }
        });
    </script>
</body>
```

4.2.2　过渡模式

在 4.2.1 节多个元素过渡的例子中，如果仔细观察，就会发现在元素切换的过程中，过渡前后的两个元素都被重新绘制了，一个元素离开过渡的同时另一个元素开始进入过渡，即进入过渡和离开过渡同时发生了，这是<transition>组件的默认行为。如果想改变这个效果，可以设置<transition>组件的 mode 属性。mode 属性有以下两种取值。

● in-out：新元素先进行过渡，完成之后当前元素过渡离开。

● out-in：当前元素先进行过渡，完成之后新元素过渡进入。

【例 4-13】　修改例 4-10，给<transition>组件添加 mode="out-in"的属性，查看程序运行效果。由程序运行结果可见，增加属性后不再有两个元素同时出现的情况。

任务 4.3　掌握列表与状态过渡方法

4.3.1　<transition-group>组件定义

<transition>组件在某一时刻只能渲染一个元素，如果需要在同一时刻渲染一组元素，应使用<transition-group>组件。与<transition>组件不同，<transition-group>组件会真实地渲染出一个元素，定义格式如下。

```
<transition-group tag="tagname" name="prename" >
    <!--需要过渡效果的组件-->
</transition-group >
```

属性 tag 指定渲染出的元素的标签名，默认值为<span>标签。

属性 name 指定 CSS 过渡类名的前缀，若不设置，则使用默认前缀"v-"，CSS 过渡类将会应用在<transition-group>组件内部的元素上。

<transition-group>组件内部是一组元素，每个元素必须有唯一的 key 属性值。如果元素值具有唯一性，可以用元素的值作为 key 属性的值；如果元素值不具有唯一性，也可以用元素的索引作为 key 属性的值。

【例 4-14】　设计一个简单的数列生成器，单击"添加"按钮在随机位置添加一个数，单击"删除"按钮随机删除一个数，程序运行结果如图 4-8 所示。

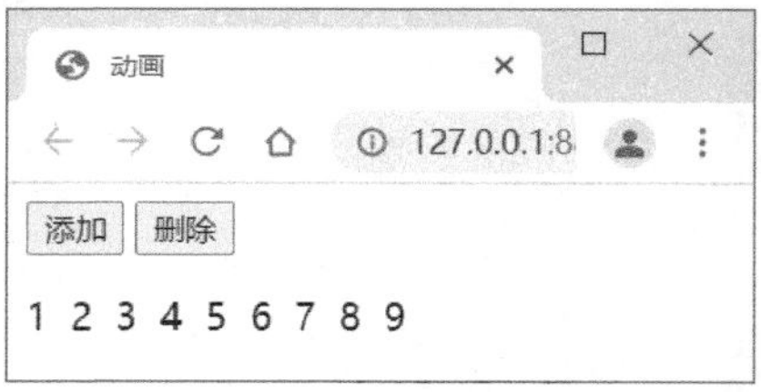

```html
<html>
    <head>
        <meta charset="utf-8" />
        <title>动画</title>
        <script src="js/vue.js"></script>
        <style>
            /* 定义渲染出的元素的样式 */
            .list-item {
                display: inline-block;
                margin-right: 10px;

            }
            /* 定义过渡的样式 */
            .list-enter-active, .list-leave-active {
                transition: all 1s;
            }
            /* 定义过渡进入和离开时的样式 */
            .list-enter, .list-leave-to {
                opacity: 0;
                transform: translateY(30px);
            }
        </style>
    </head>
    <body>
        <div id="app">
            <button v-on:click="add">添加</button>
```

图 4-8　数列生成器

```
        <button v-on:click="remove">删除</button>
        <transition-group name="list" tag="p">
            <span v-for="item in items" v-bind:key="item"
                class="list-item">
                {{item}}
            </span>
        </transition-group>
    </div>
    <script>
        var vm = new Vue({
            el: '#app',
            data: {
                // 定义初始数据
                items: [1, 2, 3, 4, 5, 6, 7, 8, 9],
                // 根据初始数据定义增加数据的初始值
                nextNum: 10
            },
            methods: {
                randomIndex: function() {
                    // 返回小于数组长度的一个随机整数,
                    //用于指定待删除或添加数据的索引位置
                    return Math.floor(Math.random() * this.items.length)
                },

                add: function() {
                    // 将待增加的数据加 1, 插入随机位置
                    this.items.splice(this.randomIndex(), 0, this.nextNum++)
                },
                remove: function() {
                    // 在随机位置删除一个数
                    this.items.splice(this.randomIndex(), 1)
                }
            }
        });
    </script>
    </body>
</html>
```

4.3.2 排序过渡属性（move）

在上一节例子中，元素渲染时会有点机械，影响用户的体验。Vue 使用了简单的 FLIP（First、Last、Invert、Play）动画队列，在 move 属性中定义 transforms 属性，可以将元素从之前的位置平滑过渡到新的位置，实现平滑过渡的效果，改善用户的体验。同<transition>组件的过渡属性一样，可以使用默认的 "v-move" 类属性，也可以设置 move 类属性的前缀，还可以用类样式设置 move 属性。

【例 4-15】 修改例 4-14，为<transition-group>组件增加排序过渡属性，查看程序的运行效果。

```
/* 定义排序过渡效果 */
.list-move {
    /* 平滑过渡 */
```

```
    transition: transform 1s;
}
```

【例 4-16】 设计一个数组元素随机排序程序，每次单击"排序"按钮，数组元素重新随机排序，程序运行结果如图 4-9 所示，图 4-9a 为初始显示效果，图 4-9b 为某个随机排序结果。

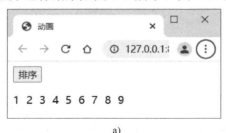
a)

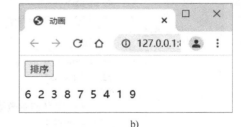
b)

图 4-9 数组元素随机排序

```html
<head>
    <script src="js/lodash.js"></script>
    <script src="js/vue.js"></script>
    <style>
        /* 定义排序过渡效果 */
        .list-move {
            /* transform 定义元素平滑过渡 */
            transition: transform 1s;
        }
        .list-item {
            /*FLIP 仅对 inline-block 和 block 元素有效; */
            display: inline-block;
            margin-right: 10px;
        }
    </style>
</head>
<body>
    <div id="app">
        <button v-on:click="shuffle">排序</button>
        <transition-group name="list" tag="p">
            <li v-for="item in items" v-bind:key="item"
                class="list-item">
                {{ item }}
            </li>
        </transition-group>
    </div>
    <script>
        var vm = new Vue({
            el: '#app',
            data: {
                items: [1, 2, 3, 4, 5, 6, 7, 8, 9]
            },
            methods: {
```

```
        shuffle: function() {
            //元素重新排序
            this.items = _.shuffle(this.items)
        }
      }
    });
  </script>
</body>
```

 Vue 的 FLIP 动画队列仅对 inline-block 和 block 元素有效。

4.3.3　交错过渡

排序过渡解决了一组元素平滑过渡的问题，但是没有解决过渡先后的问题，如果想让元素依次过渡出来，还可以使用交错过渡。交错过渡能够使元素列表错开时间触发动画，产生强调的效果，如依次弹字出现的字幕效果。可以使用样式实现交错过渡，但使用钩子函数结合 JavaScript 代码更为简洁。

 在 HTML5 中可为元素添加自定义的 data-*属性，在脚本中就可以使用 element.dataset API 访问 data 定义的数据，利用这个数据，结合延时函数可以实现列表的交错过渡。

【例 4-17】　使用列表的交错过渡实现字幕文字依次显示的效果，显示如图 4-10 所示的文字。

图 4-10　字幕文字依次显示

```
<body>
  <div id="app">
    <transition-group appear="" v-on:before-enter="beforeEnter"
                v-on:enter="enter" tag="span">
      <!-- 用数组索引值定义延时相关的数据 -->
      <span v-for="(item, index) in list" v-bind:key="index"
          v-bind:data-index="index">
          {{ item }}
      </span>
    </transition-group>
  </div>
  <script>
    new Vue({
      el: '#app',
      data: {
        list: ['为', '中', '华', '之', '崛', '起','而','读','书','!']
      },
```

4-4
交错过渡

```
                    methods: {
                        beforeEnter: function(el) {
                            el.style.opacity = 0
                            el.style.height = 0
                        },
                        enter: function(el, done) {
                            // 获取延时相关的数据 index，定义延时
                            var delay = el.dataset.index * 150
                            setTimeout(function() {
                                Velocity(
                                    el, {
                                        opacity: 1,
                                        height: '1.6em'
                                    }, {
                                        complete: done
                                    }
                                )
                            }, delay)
                        }
                    }
                });
        </script>
    </body>
```

4.3.4　状态过渡

　　Vue 响应式和组件系统还能够对元素的状态进行过渡，使用第三方库来定义元素切换的过渡状态，数据元素就可以实现自身的动态效果。GreenSock 动画平台（GSAP）能够对 JavaScript 可以操作的所有内容（包括 CSS 属性、SVG、React、画布、通用对象等）进行动画处理，兼容不同的浏览器，速度极快，应用非常广泛，结合 GSAP 动画库和 Vue，可以实现数据元素的状态过渡。

　　【例 4-18】 使用 GSAP 动画库实现数据元素的自动计数，单击文本框的微调按钮自动计数到由文本框步长属性规定的新值，直接在文本框输入数据值自动计数到输入的值，程序运行结果如图 4-11 所示，图 4-11a 为初始显示效果，图 4-11b 为某个计数时刻的运行结果。

4-5
状态过渡

a)

b)

图 4-11　数据计数器

```html
<html>
    <head>
        <meta charset="UTF-8">
        <title>动画</title>
        <script src="js/velocity.min.js"></script>
        <script src="js/gsap.min.js"></script>
        <script src="js/vue.js"></script>
    </head>
    <body>
        <div id="app">
            <!-- 定义一个数据输入文本框，每次单击数据变化单位为 10 -->
            <input v-model.number="Num" type="number" step="10">
            <p style="font-size: 30px;">{{ animatedNumber }}</p>
        </div>
        <script>
            var vm = new Vue({
                el: '#app',
                data: {
                    Num: 0,
                    endNumber: 0
                },
                computed: {
                    animatedNumber: function() {
                        // 将返回值取整
                        return this.endNumber.toFixed(0);
                    }
                },
                watch: {
                    //文本框输入值变化时调用 GSAP 动画库实现数据的连续变化
                    Num: function(newValue) {
                        gsap.to(this.$data, {
                            // 规定数据变化的时间长度
                            duration: 3,
                            // 将连续变化的数据与 endNumber 关联
                            endNumber: newValue
                        });
                    }
                }
            });
        </script>
    </body>
</html>
```

模块小结

本模块介绍 Vue 动画实现的方法。Vue 使用过渡组件实现动画，实现途径非常灵活。可以针对单个元素实现状态过渡的动画，也可以在多个元素之间进行元素切换动画，还可以对元素列表实现动画，包括排序、交错和状态过渡；可以自定义 CSS 样式实现动画，也可以使用第三方样式库实现动画，还可以结合钩子函数使用纯脚本库实现动画。本模块分成基本过渡组件 `<transition>`、多元素过渡、列表与状态过渡 3 个工作任务介绍 Vue 基于过渡的动画实现方式，工作任务与知识点关系的思维导图如图 4-12 所示。

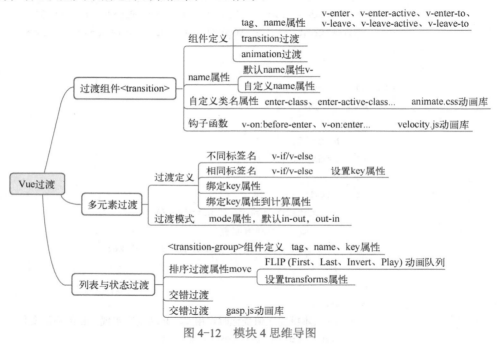

图 4-12　模块 4 思维导图

习题 4

1. 简述元素 key 属性的作用。
2. 简述列表过渡的方法。
3. 简述初始动画属性的作用。
4. 举例说明第三方动画库的用法。
5. 简述多元素过渡的用法。
6. 为了让元素具有初始动画，以下哪个属性必须设置？（　　　）

A. appear　　　B. appear-class　　　C. appear-to-class　　　D. appear-active-class

7. 以下关于过渡组件的描述，哪个是错误的？（　　）
   A. <transition>组件需要结合条件渲染实现过渡效果
   B. <transition>组件实现不同元素名过渡必须设置 key 属性
   C. <transition>组件实现相同元素名过渡必须设置 key 属性
   D. <transition>组件的 name 属性定义过渡类名前缀

8. 以下关于过渡钩子函数的描述，哪个是错误的？（　　）
   A. 设置 v-bind:css="false"属性能够避免 CSS 对过渡的影响
   B. 在过渡钩子函数中，可以仅使用 JavaScript 代码过渡
   C. 仅使用 JavaScript 代码过渡时，在 enter 和 leave 钩子函数中必须使用 done 进行回调
   D. 钩子函数过渡没有样式过渡灵活

9. 以下关于列表过渡组件的描述，哪个是错误的？（　　）
   A. 列表过渡必须设置 tag 属性
   B. tag 属性定义过渡渲染出的组件，必须是标准 HTML 标签
   C. 列表过渡能够在同一时刻渲染一组元素
   D. 列表过渡组件内部的元素必须提供唯一的 key 属性值

10. 以下关于元素过渡的说法，哪个是错误的？（　　）
    A. v-enter 在元素被插入之前生效，在元素被插入之后的下一帧移除
    B. v-leave 在离开过渡被触发时立刻生效，在下一帧被移除
    C. v-enter-active 可以控制进入过渡的不同的缓和曲线
    D. 如果 name 属性为 my-name，那么 my-就是在过渡中切换的类名的前缀

实训 4

1. 使用 animate.css 动画库设计一个首页欢迎动画。
2. 修改例 4-16，实现七彩颜色的随机排序，程序运行效果如图 4-13 所示。

图 4-13　图像元素随机排序

模块 5　Vue 复用

📝 【学习目标】

知识目标

1）掌握自定义指令、继承、混入、插件的定义方法。
2）掌握自定义指令与插件的用法。
3）掌握自定义指令、继承、混入、插件的区别与联系。
4）掌握添加响应式属性的方法。

能力目标

1）具备编写与使用自定义指令与插件的能力。
2）具备使用继承与混入复用程序的能力。

素质目标

1）具有使用复用技术开发复杂应用程序的素质。
2）具有团队协作精神。
3）具有良好的软件编码规范素养。

任务 5.1　设计管理用户权限指令

后台管理程序开发中经常需要根据用户的角色赋予操作权限，将权限设置设计为全局自定义指令，可以方便元素权限的设置。本指令能够根据元素的输入值判断元素的权限，隐藏或显示某些操作，程序运行结果如图 5-1 所示。用户角色为 1、2、3 时显示图片，如图 5-1a 所示；其余不显示，如图 5-1b 所示。

5-1
用户权限指令

a)

b)

图 5-1　权限指令

5.1.1　自定义指令

Vue 允许注册自定义指令对普通 DOM 元素进行底层操作，实现代码复用。可以在 Vue 实例中通过 directives 选项注册（是一种局部注册）自定义指令，语法格式如下。

```
directives: {
  directivename: {
    // 指令的钩子函数定义
  }
}
```

其中，directivename 为自定义指令的名称，是一个包含了若干自定义指令钩子函数的对象，可以定义的钩子函数（均为可选）如表 5-1 所示。

表 5-1　自定义指令钩子函数

函数名	说　　明
bind()	只调用一次，指令第一次绑定到元素时调用，在其中可以进行一次性的初始化设置
inserted()	被绑定元素插入父节点时调用，仅保证父节点存在，不保证一定插入文档
update()	所在组件的 VNode 更新时调用，但是可能发生在其子 VNode 更新之前。指令的值可能发生了改变，也可能没有。可以通过比较更新前后的值来忽略不必要的模板更新
componentUpdated()	指令所在组件的 VNode 及其子 VNode 全部更新后调用
unbind()	只调用一次，指令与元素解绑时调用

钩子函数的参数说明如表 5-2 所示。

表 5-2　自定义指令钩子函数的参数

参数名	说　　明
el	指令所绑定的元素，可以用来直接操作 DOM
binding	包含以下属性的一个对象。 ● name：不包括 v-前缀的指令名，使用中需要加上 v-前缀。 ● value：指令的绑定值，可以是表达式，例如：v-my-directive="1 + 1"中，绑定值为 2。 ● oldValue：指令绑定的前一个值，仅在 update 和 componentUpdated 钩子函数中可用。无论值是否改变都可用。 ● expression：字符串形式的指令表达式。例如：v-my-directive="1 + 1"中，表达式为 "1 + 1"。 ● arg：传给指令的参数，可选。例如 v-my-directive:foo 中，参数为 "foo"。 ● modifiers：一个包含修饰符的对象。例如：v-my-directive.foo.bar 中，修饰符对象为 { foo: true, bar: true }
vnode	Vue 编译生成的虚拟节点
oldVnode	上一个虚拟节点，仅在 update 和 componentUpdated 钩子函数中可用

也可以通过 Vue 构造方法调用全局 API 函数 directive()注册或获取全局指令，注册之后全局有效，函数原型说明如下。

```
Vue.directive( id, [definition] )
```

其中，id 为 string 型，规定自定义指令的名字；definition 为可选参数，Function 或 Object 型，规定自定义指令的选项。

【例 5-1】　使用自定义指令为用户名输入框添加输入焦点，程序运行结果如图 5-2 所示。

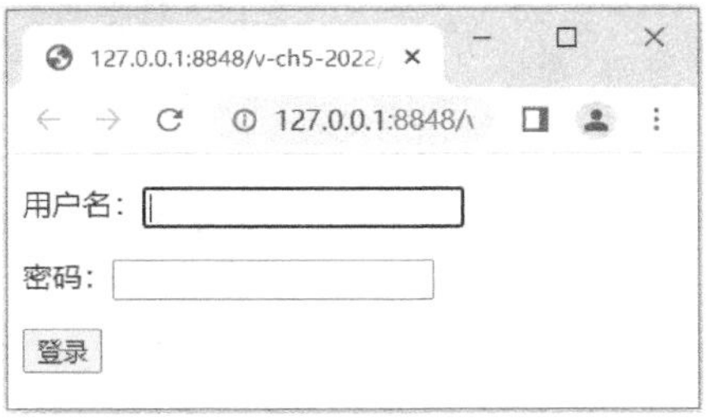

图 5-2　设置输入焦点

```
<body>
    <div id="app">
        <p><span>用户名：</span><input v-focus='true'></p>
        <p><span>密码：</span><input></p>
        <p><button>登录</button></p>
    </div>
    <script>
        Vue.directive('focus',
            //定义对象型指令选项
            {
                // 定义指令的 inserted()钩子函数
                inserted(el, binding) {
                    // 参数值为 true 时给元素添加输入焦点
                    if (binding.value) {
                        el.focus();
                    }
                }
            });
        var vm = new Vue({
            el: '#app'
        });
    </script>
</body>
```

5.1.2　响应式属性（set）

Vue 会在初始化实例时对属性执行 getter/setter 转化，虽然是响应式系统，但由于 JavaScript 的限制，初始化之后就无法检测到对象属性的变化（如添加或删除），因此，对于已经创建的实例，添加根级别的属性并不能动态响应到 DOM 中，必须使用 Vue.set(object,propertyName,value) 方法向嵌套对象添加属性，才能让 Vue 将其转换为响应式的。set()方法能够响应式地向对象中添加属性，并确保新属性同样是响应式的，同步触发视图更新，语法格式如下。

```
Vue.set( target, propertyName/index, value )
```

其中，参数 target 是{Object|Array}型的，是被添加属性的响应式数据项；参数 propertyName/index 是{string|number}型的，用于定义待添加属性的键；参数 value 用于定义待添加属性的值。

【例 5-2】 编码测试响应式属性的动态响应效果，程序初始运行效果如图 5-3a 所示，单击"添加属性"按钮后运行效果如图 5-3b 所示，可见动态添加了响应式属性。

a)　　　　　　　　　　　　　　　　　　b)

图 5-3　动态添加响应式属性

```
<div id="app">
    <p>根级属性：{{obj.a}}</p>
    <p>添加的属性：{{obj.b}}</p>
    <p>
        <button @click="add">添加属性</button>
    </p>
</div>
<script>
    var vm = new Vue({
        el: '#app',
        data:{
            obj:{'a':'根属性'}
        },
        methods: {
            add() {
                // 使用 set()方法添加响应式属性
                Vue.set(this.obj,'b','响应式添加的属性');
            }
        }
    });
</script>
```

【例 5-3】 修改例 5-2，将"添加属性"按钮单击事件代码修改如下，查看程序运行效果。

```
methods: {
    add() {
        //直接添加属性
        this.obj.b='添加的属性';
    }
}
```

由程序运行结果可见，单击按钮后页面显示效果没有发生变化，属性并没有添加上去，即使用简单赋值方法没办法添加响应式属性。

需要注意的是，使用 set()方法成功添加响应式属性以后，此后不管以何种方式添加的属性都将是响应式属性。

【任务实现】

1. 任务设计

1）定义一个自定义指令，在自定义指令的 update()钩子函数中编写代码，使元素的输入值发生变化时应用指令。

2）在自定义指令的 update()钩子函数中定义一个权限数组，判断用户的角色是否在这个数组内，如果是则显示指定元素，否则隐藏元素。

2. 任务实施

```
<body>
    <div id="app">
        用户角色：<input v-model='permissionValue' v-role='permissionValue'>
        <p><img src="img/logo.png" id="img1" style="display: none;"></p>
    </div>
    <script>
```

```javascript
Vue.directive('role', {
    update(el, binding, vnode, oldnode) {
        //获取用户的角色信息
        var permission = binding.value
        //定义由具有权限的用户组成的数组
        var arr = ['1', '2', '3']
        //判断用户权限
        var index = arr.indexOf(permission)
        //不是具有权限的用户，隐藏指定元素
        if (index < 0) {
            document.getElementById('img1').style.display = 'none'
        }
        //具有权限的用户，显示指定元素
        else {
            document.getElementById('img1').style.display = 'block'
        }
    }
});
var vm = new Vue({
    el: '#app',
    data: {
        permissionValue: 4
    }
});
</script>
</body>
```

任务 5.2　设计维护用户信息程序

使用继承和混入设计一个用户信息维护程序，程序运行结果如图 5-4 所示。图 5-4a 是程序初始运行效果，图 5-4b 是查看默认用户信息的效果，图 5-4c 是查看指定用户信息的效果。

a)

b)

c)

图 5-4　查看用户信息

5.2.1　继承（extend）

1. 继承定义

使用 Vue.extend()方法可以对 Vue 基础构造器进行扩展，语法格式如下。

```
var SubClass=Vue.extend( options )
```

参数 options 是一个 Vue 构造器类型的对象，在其中可以定义数据、方法，以及钩子函数等，供 SubClass 类实例化的对象继承重用。需要注意的是，options 对象中的数据选项需要用函数定义，以确保数据的独立性。

继承是可以复用的，JavaScript 中的对象是引用关系，如果 data 选项是一个对象，那么继承后 data 属性值会互相"污染"，所以必须使用函数，以便使用继承定义的每个实例能够维护一份被返回对象的独立副本，确保实例之间的数据相互独立。定义格式如下。

```
data: function () {
  return {
    // ...数据...
  }
}
```

【例 5-4】　定义一个扩展 Vue 构造器的用户构造器，使用用户构造器实例化两个用户对象，在用户对象中给用户的姓名重新赋值并输出，程序运行结果如图 5-5 所示。

图 5-5　继承示例

```
<body>
    <!-- 显示继承的数据 -->
    <p id='app1'>第 1 个用户：{{user.xh}}-{{user.xm}}</p>
    <!-- 显示修改后的数据 -->
    <p id='app2'>第 2 个用户：{{user.xh}}-{{user.xm}}</p>
    <script>
        // 定义一个扩展基础构造器的用户构造器
        var Person = Vue.extend({
            //使用函数定义数据选项
            data() {
                return {
                    user: {
                        xh: '000',
                        xm: 'user'
                    }
                }
            }
        });
        //使用 Person 构造器定义用户实例对象，在实例中包含了继承的 user 数据
        var user1 = new Person({
```

```
            el: '#app1'
        });
        //使用 Person 构造器定义用户实例对象，在实例中包含了继承的 user 数据
        // 在自定义的钩子函数中修改了继承的数据
        var user2 = new Person({
            el: '#app2',
            // 在钩子函数中修改初始数据
            created: function() {
                this.user.xm = '李四'
            }
        });
    </script>
</body>
```

由程序运行结果可见，由扩展构造器实例化的对象继承了构造器定义的选项，继承后可以直接使用选项定义的内容，在 user2 对象的钩子函数里直接使用 this.user.xm 访问了构造器定义的数据。

【例 5-5】 编码测试继承数据在不同实例对象中的独立性，程序运行结果如图 5-6 所示。

图 5-6 继承数据在不同实例对象中的独立性

```
<body>
    <div id="app1">
        <button @click="show">小狗</button>
        <span v-show="isShowing">{{txt1}}</span>
    </div>
    <div id="app2">
        <button @click="show">小猫</button>
        <span v-show="isShowing">{{txt2}}</span>
    </div>
    <script>
        var Animal = Vue.extend({
            data() {
                return {
                    // 定义控制元素显示的开关量
                    isShowing: false
                }
            },
            methods: {
                show(isShowing) {
                    // 切换元素的隐藏与显示
                    this.isShowing = !this.isShowing
                }
            }
        });
```

```
        var dog = new Animal({
            el: '#app1',
            data: {
                // 定义实例自己的数据
                txt1: '我是小狗汪汪',
            }
        });
        var cat = new Animal({
            el: '#app2',
            data: {
                // 定义实例自己的数据
                txt2: '我是小猫喵喵'
            }
        });
    </script>
</body>
```

由程序运行结果可见，两个实例对象继承的数据具有独立的副本，操作中互不影响。

2. 继承合并原则

由扩展类实例化的对象能够继承扩展类中定义的选项与钩子函数，同时还可以定义自己的选项与钩子函数，定义的过程中有可能产生命名冲突，冲突后同名选项会进行合并，合并原则如下。

1）数据选项在内部进行递归合并，发生冲突时，由扩展类实例化的对象自己定义的数据优先。

2）同名钩子函数合并为一个数组，都会被调用，由扩展类实例化的对象自己定义的钩子函数在扩展类定义的钩子函数调用之后调用。

3）值为对象的选项，如 methods、components 和 directives 被合并为同一个对象。两个对象键名冲突时，取扩展类实例化的对象自己定义的键值对。

【例 5-6】 编码测试继承选项的合并原则，程序运行结果如图 5-7 所示。图 5-7a 为初始运行结果，图 5-7b 为分别单击两个按钮后的运行结果。

图 5-7　继承的方法和钩子函数合并原则示例

```html
<body>
    <!-- 没有自定义数据，仅继承构造器的数据 -->
    <p id='app1'>第 1 个用户：{{user.xh}}-{{user.xm}}
        <button @click="userop">调用方法</button>
    </p>
    <!-- 自定义数据合并构造器定义的数据 -->
    <p id='app2'>第 2 个用户：{{user.xh}}-{{user.xm}}
        <button @click="userop">调用方法</button>
    </p>
    <script>
        // 定义一个扩展基础构造器的用户构造器
        var Person = Vue.extend({
            //使用函数定义数据选项
            data() {
                return {
                    user: {
                        xh: '000',
                        xm: 'user'
                    }
                }
            },
            // 定义方法选项
            methods: {
                userop() {
                    console.log("构造器定义的方法");
                }
            },
            // 定义钩子函数
            created: function() {
                console.log("构造器定义的钩子函数");
            }
        });
        //使用 Person 构造器定义用户实例对象，在实例中包含了继承的 user 数据
        //在自定义钩子函数中修改了用户名
        var user1 = new Person({
            el: '#app1',
            // 用户 1 定义的钩子函数，在构造器钩子函数后执行
            created: function() {
                console.log("用户 1 定义的钩子函数");
            }
        });
        var user2 = new Person({
            el: '#app2',
            // 用户 2 定义的同名数据，会进行合并
            data:{
                user: {
                    xh: '002',
                    xm: 'user2'
                }
            },
            methods: {
                // 用户 2 定义的同名方法，会进行合并
                userop() {
                    console.log("用户 2 定义的方法");
```

```
                    }
                }
            });
        </script>
    </body>
```

由运行结果可见，同名选项会按合并规则进行合并，钩子函数的执行顺序为先构造器钩子函数，后构造器实例化的对象的钩子函数。

继承也可以用选项注册到实例对象中，使用 extends 选项进行注册。

5.2.2　混入（mixin）

1. 混入定义

混入是 Vue 分发组件中可复用功能的一种灵活方式，通过混入，混入对象的选项将被"混合"进被混入对象中，语法格式如下。

```
    Vue.mixin( mixin )
```

与继承一样，参数 mixin 是一个类似 Vue 实例的对象或对象数组。同样，对象中的数据选项使用函数定义。

这种方式添加的混入是全局注册混入，影响注册之后所创建的每个 Vue 实例。

【例 5-7】　用混入修改例 5-4，实现同样的程序效果。

```
    <body>
        <!-- 显示混入的数据 -->
        <p id='app1'>第 1 个用户：{{user.xh}}-{{user.xm}}</p>
        <!-- 显示修改后的数据 -->
        <p id='app2'>第 2 个用户：{{user.xh}}-{{user.xm}}</p>
        <script>
            //定义一个匿名混入对象，全局注册混入
            Vue.mixin({
                // 定义混入的数据
                data() {
                    return {
                        user: {
                            xh: '000',
                            xm: 'user'
                        }
                    }
                }
            });
            //实例对象 1
            var user1 = new Vue({
                el: '#app1'
            });
            //实例对象 2
            var user2 = new Vue({
                el: '#app2',
                // 在钩子函数里修改混入的数据
                created: function() {
                    this.user.xm = '李四'
                }
```

```
            });
        </script>
    </body>
```

还可以在 Vue 实例中使用 mixins 选项注册一个混入的对象或对象数组，这是一种局部模式的注册，仅影响包含了 mixins 选项的对象。

【例 5-8】 修改例 5-7，用局部注册的方式注册混入对象，实现同样的程序效果。

修改脚本代码如下。

```
<script>
    // 定义一个混入对象
    var myMixin = {
        // 定义混入的数据
        data() {
            return {
                user: {
                    xh: '000',
                    xm: 'user'
                }
            }
        }
    }
    //实例对象 1
    var user1 = new Vue({
        el: '#app1',
        //将 myMixin 对象混入到 user1 对象中
        mixins: [myMixin]
    });
    //实例对象 2
    var user2 = new Vue({
        el: '#app2',
        //将 myMixin 对象混入到 user2 对象中
        mixins: [myMixin],
        // 在钩子函数中修改混入的数据
        created: function() {
            this.user.xm = '李四'
        }
    });
</script>
```

2. 混入合并原则

与继承类似，混入的同名选项也会进行合并，合并原则如下。

1）数据对象在内部进行递归合并，发生冲突时以对象自定义数据优先。

2）同名钩子函数合并为一个数组，都会被调用，混入的钩子函数在对象自定义钩子函数之前调用。

3）值为对象的选项，如 methods、components 和 directives 被合并为同一个对象。两个对象键名冲突时，取对象自定义的键值对。

【例 5-9】 用混入修改例 5-6，实现类似的程序功能，程序运行效果图 5-8 所示，图 5-8a 为初始运行结果，图 5-8b 为分别单击两个按钮后的运行结果。

a)

b)

图 5-8 混入的方法和钩子函数合并原则示例

```html
<body>
    <!-- 没有自定义数据，仅混入数据 -->
    <p id='app1'>第 1 个用户：{{user.xh}}-{{user.xm}}
        <button @click="userop">调用方法</button>
    </p>
    <!-- 自定义数据合并混入的数据 -->
    <p id='app2'>第 2 个用户：{{user.xh}}-{{user.xm}}
        <button @click="userop">调用方法</button>
    </p>
    <script>
        // 定义一个混入对象
        var myMixin = {
            //使用函数定义数据选项
            data() {
                return {
                    user: {
                        xh: '000',
                        xm: 'user'
                    }
                }
            },
            // 定义方法选项
            methods: {
                userop() {
                    console.log("混入定义的方法");
                }
            },
            // 定义钩子函数
            created: function() {
                console.log("混入定义的钩子函数");
            }
        }
```

```
//实例对象 1
var user1 = new Vue({
    el: '#app1',
    //将 myMixin 对象混入到 user1 对象中
    mixins: [myMixin],
    // 用户 1 定义的钩子函数，较混入的钩子函数后执行
    created: function() {
        console.log("用户 1 定义的钩子函数");
    }
});
//实例对象 2
var user2 = new Vue({
    el: '#app2',
    //将 myMixin 对象混入到 user2 对象中
    mixins: [myMixin],
    // 用户 2 定义的同名数据，会进行合并
    data:{
        user: {
            xh: '002',
            xm: 'user2'
        }
    },
    methods: {
        // 用户 2 定义的同名方法，会进行合并
        userop() {
            console.log("用户 2 定义的方法");
        }
    }
});
</script>
</body>
```

3. 混入与继承的区别与联系

混入和继承都可以将预先定义的一些功能原样注入 Vue 实例当中，extends 接收的是对象或函数，可以理解为一种单继承，mixins 接收对象数组，可以理解为一种多继承。

 【任务实现】

1. 任务设计

1）将描述用户的函数定义在 Vue 基类里，供继承用。

2）将用户的基本数据信息定义在混入对象里。

3）用用户构造器（Person）实例化用户对象，以继承描述用户的函数，在对象中混入用户基本数据，并根据需要增加用户的基本信息数据，定义用户能够进行的操作，重写描述用户信息的函数。

2. 任务实施

```
<body>
    <p id='app1'>{{user.xh}}-{{user.xm}}
        <button @click="discribe">查看用户</button>
    </p>
```

```html
<p id='app2'>{{user.xh}}-{{user.xm}}
    <button @click="discribe">查看用户</button>
</p>
<script>
    // 定义一个扩展 Vue 构造器的用户构造器
    var Person = Vue.extend({
        methods: {
            // 定义描述用户信息的函数
            discribe() {}
        }
    });
    // 定义一个混入对象
    var myMixin = {
        data() {
            return {
                // 定义用户的基本信息
                user: {
                    xh: '000',
                    xm: '张三'
                }
            }
        }
    };
    // 使用 Person 构造器分别定义两个使用混入对象的实例
    var Component1 = new Person({
        el: '#app1',
        mixins: [myMixin],
        methods: {
            // 重写继承来的用户信息描述函数
            discribe() {
                alert(this.user.xm + '用户的角色是：' +
                    this.user.role);
            }
        },
        created: function() {
            Vue.set(this.user, 'role', '管理员')
        }
    });
    var Component2 = new Person({
        el: '#app2',
        mixins: [myMixin],
        // 定义实例的数据
        data: {
            option: ['查看商品', '购买商品']
        },
        methods: {
            // 重写继承来的用户信息描述函数
            discribe() {
                alert(this.user.xm +
                    '用户能够做的操作包括：' + this.option);
            }
        },
        // 在钩子函数中初始化数据
        created: function() {
            // 修改混入的数据
            this.user.xm = '李四'
```

```
        }
    })
  </script>
</body>
```

任务 5.3 掌握插件用法

5.3.1 插件概述

插件通常用来为 Vue 添加全局功能，功能范围没有严格的限制，一般包括以下几种。

1）添加全局方法或者属性。

2）添加全局资源，包括指令、过滤器、过渡等。

3）添加一些组件选项，例如添加 vue-router 的选项。

4）添加 Vue 实例的方法。

5）添加提供 API 的库，例如 vue-router 库。

5.3.2 安装插件

Vue 通过全局方法 Vue.use()安装插件，该方法需要在调用 new Vue()启动应用之前调用，语法格式如下。

```
Vue.use(pluginName)
```

参数 pluginName 是插件的名称。

还可以传入一个可选的选项对象，语法格式如下。

```
Vue.use(pluginName, { someOption: true })
```

参数 someOption 定义传入的选项对象。

Vue.use()会自动阻止多次注册相同插件，多次调用只会注册一次该插件。Vue.js 官方提供的一些插件（例如 vue-router）在检测到 Vue 是可访问的全局变量时会自动调用 Vue.use()。但是，在 CommonJS 等模块环境中应该始终显式调用 Vue.use()方法安装插件。

5.3.3 开发插件

1. 对象插件

如果插件是一个对象，必须提供 install 方法。调用 install 方法时，会将 Vue 构造器作为参数传入，函数中可以包含的内容如下。

```
MyPlugin.install = function(Vue, options) {
    // 1. 添加全局方法或属性（可选）
    Vue.myGlobalMethod = function() {
        // 逻辑...
    }
    // 2. 添加全局资源（可选）
    Vue.directive('my-directive', {
```

```
        bind(el, binding, vnode, oldVnode) {
            // 逻辑...
        }
        ...
    })
    // 3. 注入组件选项（可选）
    Vue.mixin({
        created: function() {
            // 逻辑...
        }
            ...
    })
    // 4. 添加实例方法（可选）
    Vue.prototype.$myMethod = function(methodOptions) {
        // 逻辑...
    }
}
```

方法的第 1 个参数是 Vue 构造器，第 2 个参数是一个可选的选项对象。在方法体内可以添加全局方法、属性、资源、组件选项等。

【例 5-10】 修改例 5-1，用插件的方式实现同样的程序效果。

界面设计代码不变，脚本代码修改如下。

```
<script>
    //定义一个自定义插件对象
    var myPlugin = {};
    //编写插件对象的 install 方法
    myPlugin.install = function(Vue, options) {
        // 在插件中为 Vue 添加自定义指令
        Vue.directive('focus', {
            inserted(el, binding) {
                if (binding.value) {
                    el.focus()
                }
            }
        })
    };
    // 安装插件
    Vue.use(myPlugin, {
        someOption: true
    });
    var vm = new Vue({
        el: '#app'
    });
</script>
```

2. 函数插件

如果插件是一个函数，该函数直接被当作 install 方法。

【例 5-11】 修改例 5-10，使用函数插件实现同样的程序效果。

修改插件定义代码如下。

```
    //定义一个自定义插件对象
    var myPlugin = function(Vue, options) {
        // 在插件中为 Vue 添加自定义指令
        Vue.directive('focus', {
```

```
    inserted(el, binding) {
        if (binding.value) {
            el.focus()
        }
    }
    });
};
```

模块小结

本模块介绍 Vue 复用的技术，包括自定义指令、继承、混入和插件 4 种复用技术。指令能够方便地扩展组件的功能，继承是一种单一继承，混入能够实现多继承，插件是一种可以直接使用的组件。使用复用能够极大地提高程序开发效率，本模块通过 3 个工作任务示范了复用的用法，工作任务与知识点关系的思维导图如图 5-9 所示。

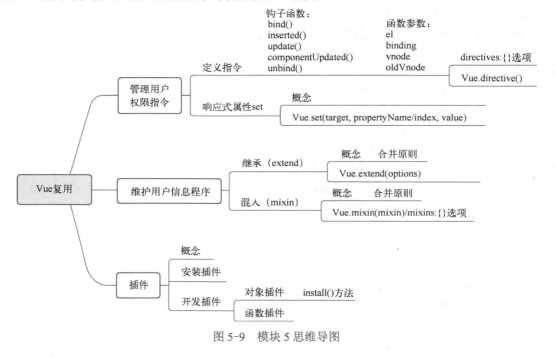

图 5-9　模块 5 思维导图

习题5

1. 简述自定义指令的定义与注册方法。
2. 简述插件的设计与安装方法。
3. 简述继承的定义与使用场景。
4. 简述混入的定义与使用场景。
5. 为什么必须使用 set() 方法为 Vue 实例添加属性？

6. 继承 Vue 的构造器中 data 选项为什么必须是函数？

7. 以下关于 Vue.mixin 的说法哪个是错误的？（　　　）

    A．Vue.mixin 是 Vue 提供的全局接口 API

    B．Vue.mixin 可以用来注册组件选项

    C．使用 Vue.mixin 可能会影响到所有 Vue 实例

    D．Vue.mixin 不可以用来注册自定义选项的处理逻辑

8. 以下哪个方法可以安装插件？（　　　）

    A．Vue.use()　　B．Vue.mixin()　　　C．Vue.extend()　　D．Vue.set()

9. 以下关于插件的描述，哪个是错误的？（　　　）

    A．插件不可以添加全局方法或者属性

    B．插件可以添加全局资源，包括指令、过滤器、过渡等

    C．插件可以添加一些组件选项

    D．插件可以添加 Vue 实例方法

10. 以下关于混入合并原则，哪个描述是错误的？（　　　）

    A．数据对象在内部进行递归合并，发生冲突时以组件数据优先

    B．同名钩子函数合并为一个数组，仅调用混入对象的钩子函数

    C．值为对象的选项被合并为同一个对象

    D．全局注册的混入会影响之后创建的每一个 Vue 实例

11. 以下关于继承合并原则，哪个描述是错误的？（　　　）

    A．数据对象在内部进行递归合并，发生冲突时继承对象的数据优先

    B．同名钩子函数合并为一个数组，都会被调用

    C．继承对象的钩子函数在 Vue 实例的钩子函数之前调用

    D．两个对象键名冲突时，取继承对象的键值对

实训 5

1. 使用混入设计一个计分程序，程序运行结果如图 5-10 所示，单击计分项，则分数自动加 1，各组计分相互独立。

图 5-10　计分程序

2. 完善实训 3，用插件实现用户注册功能。

模块 6　　Vue 自定义组件

【学习目标】

知识目标

1）掌握组件定义的语法。
2）掌握全局组件与局部组件的注册方法。
3）掌握 props 属性由父组件向子组件传递数据的方法。
4）掌握$emit 方法由子组件向父组件传递数据的方法。
5）掌握动态组件的定义与用法。
6）掌握自定义组件动画的方法。

能力目标

1）具备设计组件的能力。
2）具备使用动态组件的能力。
3）具备在组件之间传递数据的能力。
4）具备设计组件动画的能力。

素质目标

1）具有开发应用程序组件的素质。
2）具有关注用户体验的人文社会科学素养。
3）具有团队协作精神。
4）具有良好的软件编码规范素养。

任务 6.1　设计计分器组件

设计一个自定义的简单计分器组件，每次在组件上单击，计数增 1。将计分器组件应用于分别统计各组的得分情况，程序运行结果如图 6-1 所示。

6-1
计分器组件

图 6-1　小组得分计分器

6.1.1　组件定义与注册

1．组件定义

实际上，由 HTML 标签组成的元素就是一种 HTML 组件，是默认开发组件，HTML 网页就是一棵嵌套的组件树。图 6-2a 所示是一个 HTML 文档的结构，包含了 3 个区域，每个区域又包含一个或多个元素。图 6-2b 所示是文档对应的组件树，整个 HTML 文档是组件树的根组件（body 元素）。

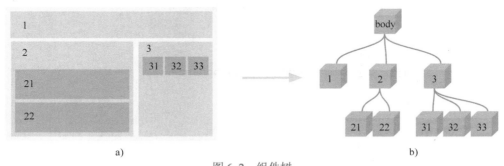

图 6-2　组件树

a) HTML 文档结构　b) 组件树

除了 HTML 默认组件（标签）外，用户还可以自定义组件，实现组件的重用，提高程序开发效率。如本任务的计分器，具有计分的功能，开发后通过重用可以用到多个组别的计分中，提高分数统计效率。

与 HTML 默认组件一样，自定义组件也是包含了视图和功能的封装对象。

2．全局注册

自定义组件在使用前必须先注册，以便 Vue 能够识别。Vue 类的 component()方法能够进行全局组件注册。全局注册的组件可以用在其后的任何 Vue 根实例中，包括子组件的模板。注册语法格式如下。

```
Vue.component('my-component-name', {
  // ... 选项 ...
})
```

其中，第 1 个参数 my-component-name 定义组件的名称，组件名称用引号引起来时可以使用短横线分隔命名法，也可以使用驼峰命名法，即'my-component-name'和'MyComponentName'都是合法的。因为 DOM 不支持短横线，组件名称不用引号引起来时只能使用驼峰命名，即 my-component-name 是非法的。需要注意的是在 HTML 页面中标签名为小写，不管哪种命名，在 HTML 页面中使用时，标签名都应该用小写的，如 my-component-name。

第 2 个参数为定义的组件，是一个包含了若干选项的对象，选项内容同 Vue 实例的选项。组件也可以复用，与继承或混入的对象定义一样，数据选项需要用函数定义，以确保组件数据的独立性。

在第 2 个参数中还应该定义组件的模板，即组件的视图，使用 template 选项进行定义，选项取值为引号引起来的 HTML 标签或 template 标签包围的标签集合。

Tips 全局注册必须写在根 Vue 实例（通过 new Vue）创建之前。

【例 6-1】 使用组件设计一个简单计分器，程序运行结果如图 6-3 所示。

图 6-3　计分器

```html
<body>
    <div id="app">
        <!-- 使用组件 -->
        计分器：<my-component></my-component> 分
    </div>
    <script>
        // 全局注册组件
        Vue.component('my-component', {
            // 使用函数定义组件数据
            data() {
                return {
                    count: 0
                }
            },
            // 组件模板定义
            template: '<button v-on:click="count++">{{count}}</button>'
        });
        var vm = new Vue({
            el: '#app'
        });
    </script>
</body>
```

Tips 组件模板有多行 HTML，一行放不下的时候，可以使用 "\" 拼接内容。

3. 局部注册

组件还可以先定义，后根据需要注册。组件是一种类似 Vue 实例的 JavaScript 对象，定义语法格式如下。

```javascript
var MyComponentName={
   // ... 选项 ...
})
```

局部注册的选项与全局注册的选项相同。

组件定义后在需要使用组件的 Vue 实例中通过 components 选项进行注册，语法格式如下。

```javascript
new Vue({
   //其他选项
   components: {
     component-name: MyComponentName,
     //其他组件
```

```
        }
    })
```

其中，参数 component-name 为组件的名称，它遵循全局注册的命名规范，用引号引起来或使用驼峰命名法，参数 MyComponentName 是定义组件的对象名。

【例 6-2】　修改例 6-1，用局部注册方式定义组件。

```html
<body>
    <div id="app">
        <!-- 遵循 HTNML 规范，将驼峰命名的组件改为下画线命名 -->
        计分器：<my-component></my-component> 分
    </div>
    <script>
        // 定义组件对象
        var localCom = {
            // 使用函数定义组件数据
            data() {
                return {
                    count: 0
                }
            },
            // 组件模板定义
            template: '<button v-on:click="count++">{{count}}</button>'
        };
        var vm = new Vue({
            el: '#app',
            components: {
                // 局部注册组件，组件命名使用驼峰命名法
                myComponent: localCom
            }
        });
    </script>
</body>
```

局部注册的组件仅在注册组件的实例关联的页面元素中可以使用。

【例 6-3】　修改例 6-2，将组件的方法定义在方法选项里。

修改组件对象定义如下。

```javascript
// 定义组件对象
var localCom = {
    // 使用函数定义组件数据
    data() {
        return {
            count: 0
        }
    },
    // 组件方法定义
    methods: {
        clicknum() {
            this.count++;
        }
    },
    // 组件模板定义
    template: '<button v-on:click="clicknum">{{count}}</button>'
};
```

6.1.2 组件模板

例 6-3 中，定义组件模板 template 选项时对 HTML 标签使用引号进行了引用，书写不方便，而且没有开发环境的支持时很容易出错。因此，一般在 HTML 中通过<template>标签书写组件的视图，然后在组件注册中通过 CSS 选择器选择组件视图。

【例 6-4】 修改例 6-3，使用模板定义组件的界面。

```html
<body>
    <div id="app">
        计分器：<my-component></my-component> 分
    </div>
    <!-- 使用 template 标签定义组件模板 -->
    <template id="counttemp">
        <button v-on:click="clicknum">{{count}}</button>
    </template>
    <script>
        var mycom = {
            // 组件定义其余内容同例 6-3，略
            // 组件模板定义
            template: '#counttemp'
        };
        // Vue 实例定义同例 6-3，略
    </script>
</body>
```

6.1.3 选项作用域

由组件定义可知，组件本质上是一个对象，对象具有封装性，组件也不例外，在组件中定义的选项的作用域为组件及其关联的视图。因此，父级模板中的所有内容都是在父级作用域中编译的，子模板中的所有内容都是在子作用域中编译的。

以数据选项为例，父级模板和子级模板互不干扰，因此，可以在父级与子级定义同名的数据对象，且相互独立。

【例 6-5】 修改例 6-4，在 Vue 实例和组件中定义一个同名数据，查看程序运行效果。

```html
<body>
    <div id="app">
        {{msg}}
        <!--Vue 实例数据 -->
        <my-component></my-component>
    </div>
    <template id="counttemp">
        <!-- div 元素充当组件元素的容器 -->
        <div>
            <button v-on:click="clicknum">
                {{count}}
            </button>
            {{msg}}
            <!--组件数据 -->
        </div>
    </template>
    <script>
```

```
                var localCom = {
                    //使用函数定义组件数据
                    data() {
                        return {
                            count: 0,
                            //定义一个与根实例同名的数据
                            msg: '分'
                        }
                    },
                    methods: {
                        clicknum() {
                            this.count++;
                        }
                    },
                    //组件模板定义
                    template: '#counttemp'
                };
                var vm = new Vue({
                    el: '#app',
                    data: {
                        //定义一个与组件同名的数据
                        msg: '计分器: '
                    },
                    components: {
                        myComponent: localCom
                    }
                });
        </script>
    </body>
```

程序运行结果同图 6-3，由运行结果可见，组件和 Vue 实例的数据互不干扰，且在组件外部不可以访问组件数据，在组件外部使用组件对象名加数据名访问数据会报没有定义的错误。

> Tips 每个组件模板只能有一个根元素，如果组件由多个 HTML 元素组成，需要用唯一的容器元素包裹，本例中将 button 元素和文本包裹在一个 div 元素里进行显示。

6.1.4　组件的生命周期

与 Vue 实例一样，组件也有生命周期钩子函数，含义与 Vue 实例生命周期钩子函数一样，会依次触发。

【例 6-6】　为例 6-5 中的组件和根实例分别添加生命周期钩子函数，程序运行效果如图 6-4 所示。

添加组件的生命周期函数代码如下。

```
created: function() {
    console.log('组件的 created 函数')
},
mounted: function() {
    console.log('组件的 mounted 函数')
},
destroyed: function() {
    console.log('组件的 destroyed 函数')
```

```
},
updated: function() {
    console.log('组件的 updated 函数' )
}
```

根实例生命周期钩子函数定义与组件定义类似，代码请参见教材资源。

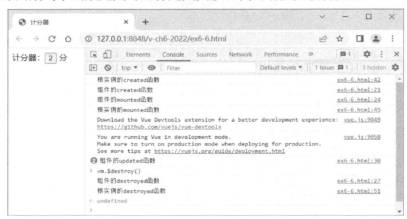

图 6-4　组件生命周期

由程序运行结果可见，首先执行根实例的 created 函数，然后是组件的 created 函数，接下来先执行组件的钩子函数，后执行根实例的钩子函数。

【任务实现】

1. 任务设计

1）由于三个小组的计分功能一样，因此将每一组的计分器设计为一个计分器组件。

2）在页面中使用计分器组件，分别统计每一组的得分情况。

2. 任务实施

组件设计同例 6-4，页面代码编写如下。

```
<body>
    <div id="app" style="margin-left: 15px;">
        <h3>各组得分统计</h3>
        <p>第一组：<my-component></my-component> 分</p>
        <p>第二组：<my-component></my-component> 分</p>
        <p>第三组：<my-component></my-component> 分</p>
    </div>
</body>
```

任务 6.2　编写搜索框组件

6-2
搜索框组件

搜索框组件使用组件数据传递将待查询手机的品牌名称由父级传到组件内部，在组件中显示查询到的手机详细信息。程序运行结果如图 6-5 所示。

图 6-5　搜索框

6.2.1　props 选项

Vue 使用属性由父组件向子组件传递数据，在父组件定义属性的"名值对"，在组件内部通过 props 选项定义接收的属性名列表，通过属性名获取父组件传递的数据。父组件能够向子组件传递静态和动态数据，静态数据直接进行传递，动态数据通过 v-bind 指令绑定属性名进行传递。

【例 6-7】　编写代码由父组件通过属性向组件内部传递数据，程序运行效果如图 6-6 所示。

图 6-6　传递静态数据

```html
<body>
    <div id="app">
        <!-- 定义名为 name 的属性名值对 -->
        <my-parent name="华为"></my-parent>
    </div>
    <template id="child">
        <!-- 通过属性名访问接收到的数据 -->
        <div>接收到的数据是：{{name}}</div>
    </template>
    <script>
        Vue.component('my-parent', {
            //指定接收的属性名
            props: ['name'],
            template: '#child'
        });
        var vm = new Vue({
            el: '#app'
        });
    </script>
</body>
```

由程序运行结果可见，子组件接收了 name 属性传递的值"华为"。

将 props 选项接收的属性名定义为数组，可以一次接收多个值。

【例 6-8】 修改例 6-7，为父组件添加 type 属性，同时通过 type 属性传递数据，程序运行效果如图 6-7 所示。

图 6-7　传递多个静态数据

```
<body>
    <div id="app">
        <!-- 定义名为 name 和 type 的属性名值对 -->
        <my-parent name="华为" type="P40"></my-parent>
    </div>
    <template id="child">
        <!-- 通过属性名访问接收到的数据 -->
        <div>接收到的数据是：{{name}}-{{type}}</div>
    </template>
    <script>
        Vue.component('my-parent', {
            //指定接收的属性名数组
            props: ['name', 'type'],
            template: '#child'
        });
        var vm = new Vue({
            el: '#app'
        });
    </script>
</body>
```

【例 6-9】 修改例 6-7，将待传递数据的属性用指令进行绑定，实现数据的动态传递，程序运行结果如图 6-8 所示，图 6-8a 为初始运行结果，图 6-8b 为输入 "OPPO" 的运行结果。

a)　　　　　　　　　　　　　　　　b)

图 6-8　动态传递数据到子组件

```
<body>
    <div id="app">
        <p>输入一个名称：<input v-model="brand" /></p>
        <!-- 绑定定义名为 name 的属性名值对 -->
        <my-parent v-bind:name="brand"></my-parent>
    </div>
    <template id="child">
```

```
            <!-- 通过属性名访问接收到的数据 -->
            <div>接收到的数据是：{{name}}</div>
        </template>
        <script>
            Vue.component('my-parent', {
                //指定接收的属性名
                props: ['name'],
                template: '#child'
            });
            var vm = new Vue({
                el: '#app',
                data:{
                    // 定义双向绑定数据
                    brand: '华为'
                }
            });
        </script>
    </body>
```

6.2.2　插槽

1. 插槽定义

还可以通过插槽由父组件向子组件分发内容，在子组件模板中定义一个插槽元素（slot）进行占位，就可以将父组件传递的数据显示在子组件插槽占据的位置。

【例 6-10】　使用插槽传递数据，程序运行结果如图 6-9 所示。

图 6-9　插槽分发内容

```
<body>
    <div id="app">
        <my-component>
            <!--定义父级待传递的数据 -->
            <img src="img/蛟龙号.JPG"> {{msg}}
        </my-component>
    </div>
    <template id="child">
        <div>
            <strong>蛟龙号载人潜水器</strong><br>
            <!-- 通过插槽访问接收到的数据 -->
            <slot></slot>
```

```
        </div>
    </template>
    <script>
        Vue.component('my-component', {
            template: '#child'
        });
        var vm = new Vue({
            el: '#app',
            data: {
                msg: '蛟龙号载人潜水器是我国首台自主设计…'
            }
        });
    </script>
</body>
```

2. 插槽缺省数据

还可以为插槽定义默认数据，当父级没有数据传递时，在子级显示插槽的默认数据。

【例 6-11】 修改例 6-10，使用默认内容为插槽传递数据，实现与例 6-10 同样的运行效果。

仅修改 HTML 代码如下。

```
<div id="app">
    <my-component></my-component>
</div>
<template id="child">
    <div>
        <strong>蛟龙号载人潜水器</strong><br>
        <img src="img/蛟龙号.JPG">
        <!-- 通过默认值为插槽添加数据 -->
        <slot>蛟龙号载人潜水器是我国首台自主设计……</slot>
    </div>
</template>
```

3. 具名插槽

如果需要传递多个数据，可以使用具名插槽进行传递。在子组件中通过 name 属性定义插槽的名字，在父组件中用模板标签 template 将待传递的数据包裹起来，并添加 v-slot 指令指定插槽的名字，实现多个数据的传递。

【例 6-12】 使用具名插槽传递 3 个数据给子组件并显示，程序运行结果如图 6-10 所示。

脚本代码设计同例 6-10，页面代码设计如下。

图 6-10 具名插槽传递数据

```
<body>
    <div id="app">
        <my-component>
            <!-- 网页头部区域显示的信息 -->
            <template v-slot:header>
                <h2 style="text-align: center;">示儿</h2>
                <p style="text-align: right;">【宋】陆游</p>
```

```
            </template>
            <!-- 网页内容区域显示的信息 -->
            <p>死去元知万事空，但悲不见九州同。</p>
            <p>王师北定中原日，家祭无忘告乃翁。</p>
        </my-component>
    </div>
    <template id="child">
        <div style="margin: 100px;">
            <!-- 网页头部 -->
            <header>
                <slot name="header"></slot>
            </header>
            <!-- 网页内容 -->
            <main>
                <slot></slot>
            </main>
        </div>
    </template>
</body>
```

6.2.3　箭头函数

ECMAScript 6（简称 ES6）允许使用"箭头"（=>）定义函数，称为箭头函数表达式。其语法较普通函数表达式更为简洁，非常适合需要使用匿名函数的地方。语法格式如下。

```
(param1, param2, …, paramN) => { statements }
```

其中，param1、param2、…、paramN 是函数的参数，{ statements }是函数体。

以下代码用标准函数格式定义一个编码函数。

```
<script>
    var sum = function(a){
        return a+3;
    }
    console.log(sum(2));
</script>
```

用箭头函数可以简写代码如下。

```
<script>
    var sum = (a) => {
        return a +3;
    }
    console.log(sum(2));
</script>
```

如果函数体只有一个语句，还可以省略函数体的花括号，上面代码可以进一步简写如下。

```
<script>
    var sum = (a) => a +3;
    console.log(sum(2));
</script>
```

如果函数只有一个参数，还可以省略函数参数的圆括号，上面代码可以进一步简写如下。

```
<script>
```

```
        var sum = a => a + 3;
        console.log(sum(2));
    </script>
```

需要注意的是，没有参数的函数不能省略圆括号。即没有参数的函数要写成以下格式。

```
    () => { statements }
```

 箭头函数没有 this、arguments、super 或 new.target，不能将其用作构造函数。

【任务实现】

1. 任务设计

1）在父组件中添加一个输入文本框，用于输入待搜索的产品名称。

2）在子组件中定义一个存放所有产品详细信息数据的数组。子组件接收父组件传递的产品名称，并根据产品名称在数组中搜索产品的详细信息，将搜索到的数据用列表进行显示。

2. 任务实施

```
<body>
    <div id="app">
        <!-- 父组件 -->
        <my-parent></my-parent>
    </div>
    <!-- 父组件模板 -->
    <template id="parent">
        <div>
            <h3>手机信息搜索</h3>
            手机品牌：<input type="text" v-model="brand">
            <!-- 子组件 -->
            <my-child v-bind:name="brand"></my-child>
        </div>
    </template>
    <!-- 子组件模板 -->
    <template id="child">
        <ul>
            <li>手机品牌：{{show.brand}}</li>
            <li>手机型号：{{show.type}}</li>
            <li>市场价格：{{show.price}}</li>
        </ul>
    </template>

    <script>
        Vue.component('my-parent', {
            template: '#parent',
            data() {
                return {
                    brand: ''
                }
            }
        });
        Vue.component('my-child', {
            template: '#child',
            data() {
```

```
            return {
                content: [{
                        brand: '华为',
                        type: 'Mate20',
                        price: 3699
                    },
                    // 其他手机数据，略
                ],
                show: {
                    brand: '',
                    type: '',
                    price: ''
                }
            }
        },
        props: ['name'],
        watch: {
            name() {
                // 如果搜索框不为空，进行搜索
                if (this.name) {
                    // 定义存放搜索项的临时变量
                    var found = false
                    // 使用箭头函数定义每一项的操作
                    this.content.forEach((value, index) => {
                        if (value.brand === this.name) {
                            //将搜索到的内容更新到搜索项变量
                            found = value
                        }
                    })
                    // 将搜索到的内容更新到显示项
                    this.show = found ? found : {
                        brand: '',
                        type: '',
                        price: ''
                    }
                }
                // 如果搜索框为空，直接返回
                else {
                    return
                }
            }
        }
    });
    var vm = new Vue({
        el: '#app'
    });
</script>
</body>
```

任务 6.3　开发管理用户账户组件

设计一个管理用户账户的动态组件，程序运行结果如图 6-11 所示。首先显示用户登录页面，如图 6-11a 所示；用户名和密码不输入或输入错误时单击"登录"按钮，会给出提示信息，如图 6-11b 所示；正确输入用户名和密码时将用户名传递到父组件，并显示出来，如图 6-11c 所示；如果没有账号的情况下单击"页面切换"按钮，会转到注册页面，如图 6-11d 所示。组件之间切换时增加过渡效果，实现平滑切换。

6-3
管理用户账户
组件

图 6-11 管理用户账户的动态组件

6.3.1 $emit()方法

子组件可以通过调用内建的$emit()方法触发父组件自定义事件，并传递数据给父组件。子组件定义语法格式如下。

```
<sub-component-name v-on:eventname="$emit('fathereventname',params)">
</sub-component-name >
```

其中，参数 fathereventname 为子组件触发的父组件自定义事件名，参数 params 为子组件传递的数据，可以是静态数据，也可以是通过绑定获得的动态数据。

父组件定义语法格式如下。

```
<father-component-name v-on: fathereventname="eventname">
</father-component-name >
```

其中，参数 fathereventname 为自定义事件名，该事件由子组件通过内建的$emit()方法触发，参数 eventname 为事件调用的方法。

【例 6-13】　设计用户登录组件，使用$emit()方法由子组件向父组件传递数据，父组件将接收到的数据动态显示出来，程序运行结果如图 6-12 所示。

图 6-12　用户登录组件

```html
<body>
    <div id="app">
        <!-- 定义由子组件触发的父组件自定义事件 userlogin-->
        <login v-on:onlogin="userlogin"></login>
        登录成功，欢迎您：{{msg}}
    </div>
    <template id="tmplogin">
        <div>
            <p><span>用户名：</span><input type="text" v-model="username"> </p>
            <p><span>密码：</span><input type="text" v-model="password"> </p>
            <!-- 在子组件按钮单击时通过$emit 触发父组件事件 onlogin -->
            <p><button v-on:click="$emit('onlogin', username)">登录</button></p>
        </div>
    </template>
    <script>
        Vue.component('login', {
            template: '#tmplogin',
            data() {
                return {
                    username: '',
                    password: ''
                }
            }
        });
        var vm = new Vue({
            el: '#app',
            data: {
                msg: ''
            },
            methods: {
                //父组件事件方法，由子组件触发调用，并接收子组件数据
                userlogin: function(value) {
                    this.msg = value
                }
            }
        });
```

```
    </script>
</body>
```

在子组件事件属性中直接调用$emit()方法其实是一种单语句方式，$emit()方法也可以写在子组件的事件响应方法里，实现更为复杂的逻辑。

【例 6-14】 修改例 6-13，将$emit()方法调用写在方法里，实现同样的程序功能。

1）子组件登录按钮代码修改如下。

```
<button @click="subclick">登录</button>
```

2）在子组件定义中添加单击事件响应代码如下。

```
methods: {
    subclick() {
        // 通过$emit 触发父组件事件 onlogin，并传递数据
        this.$emit('onlogin', this.username);
    }
}
```

6.3.2　动态组件

1. 组件切换

有时候应用需要在不同的组件之间进行动态切换，例如网页用户管理中经常需要在用户登录和注册之间进行动态切换，此时可以使用动态组件。Vue 使用 component 元素定义动态组件，定义语法格式如下。

```
<component v-bind:is="currentTabComponent"></component>
```

其中，currentTabComponent 规定动态切换的组件名，可以是一个已注册的组件名字或一个组件对象；is 属性通过绑定实现组件的动态切换。

 HTML 元素是系统组件，使用 v-if 和 v-else 进行组件切换。

【例 6-15】 使用动态组件设计一个管理用户页面，单击"页面切换"按钮后，组件在登录组件和注册组件之间动态切换，程序运行结果如图 6-13 所示，图 6-13a 和图 6-13b 分别为两种状态下的显示。

a)　　　　　　　　　　　　　　　　　b)

图 6-13　动态切换组件

```
<body>
    <div id="app">
        <p><button @click="pagechange">页面切换</button></p>
```

```
        <component v-bind:is="currentComponent"></component>
    </div>
    <script>
        Vue.component('login', {
            template: '<div>登录页面</div>'
        });
        Vue.component('register', {
            template: '<div>注册页面</div>'
        });
        var vm = new Vue({
            el: '#app',
            data: {
                // 组件名变量
                currentComponent: 'login'
            },
            methods: {
                pagechange() {
                    // 每次单击都进行组件切换
                    if (this.currentComponent == "login") {
                        this.currentComponent = "register";
                    } else {
                        this.currentComponent = "login";
                    }
                }
            }
        });
    </script>
</body>
```

2. <keep-alive>组件

使用 is 属性能够切换不同的组件，但是切换时组件的状态不会保存。如果希望组件之间切换时保持组件的状态，以避免反复重渲染导致的性能问题，可以使用<keep-alive>组件包裹动态组件，从而缓存不活动的组件实例。

与<transition>组件类似，<keep-alive>是一个抽象组件，其自身不会渲染成一个 DOM 元素，也不会出现在组件的父组件链中。当组件在<keep-alive>内被切换时，其 activated 和 deactivated 两个生命周期钩子函数会被对应执行。

> Tips <keep-alive>组件作用在直属子组件切换的情形，对 v-for 不工作，即对多个条件性的子元素无效。

6.3.3 动态组件过渡

将动态组件包裹在<transition>组件里可以实现多个自定义组件的动画。

【例 6-16】 修改例 6-15，在组件切换时加上动画，改善用户体验。

1）添加动画相关的样式代码如下。

```
<style>
    .component-fade-enter-active,
    .component-fade-leave-active {
        transition: opacity .3s ease;
```

```
        }
        .component-fade-enter,
        .component-fade-leave-to {
            opacity: 0;
        }
    </style>
```

2）将动态组件包裹在<transition>组件里。

```
<div id="app">
    <p><button @click="pagechange">页面切换</button></p>
    <!-- 将动态组件包裹在<transition>组件里 -->
    <transition name="component-fade" mode="out-in">
        <component v-bind:is="currentComponent"></component>
    </transition>
</div>
```

 【任务实现】

1. 任务设计

1）参考例 6-16 搭建具有过渡效果的动态组件结构。

2）参考例 6-14 完善用户登录组件，用户名和密码输入不正确时给出提示信息，输入正确时将组件中输入的用户名传给父组件并显示在主页面中。

3）注册组件仅给出一个提示信息，不作其他设计。

2. 任务实施

```
<html>
    <head>
        <meta charset="UTF-8">
        <title>管理用户账户</title>
        <script src="js/vue.js"></script>
        <style>
            .component-fade-enter-active,.component-fade-leave-active {
                transition: opacity .3s ease;
            }
            .component-fade-enter,.component-fade-leave-to {
                opacity: 0;
            }
        </style>
    </head>
    <body>
        <div id="app">
            <p><button @click="pagechange">页面切换</button></p>
            <!-- 将动态组件包裹在<transition>组件里 -->
            <transition name="component-fade" mode="out-in">
                <component v-bind:is="currentComponent" @onlogin="userlogin">
                </component>
            </transition>
            <!-- 显示从子组件接收的数据 -->
            {{fmsg}}
        </div>
```

```html
<template id="login">
    <div>
        <p><span>用户名: </span><input type="text" v-model="username">
        </p>
        <p><span>密码: </span><input type="text" v-model="password">
        </p>
        <p><button @click="subclick">登录</button></p>
        <!--用户名密码输入出错提示-->{{smsg}}
    </div>
</template>
<script>
    // 注册登录组件
    Vue.component('login', {
        template: '#login',
        data() {
            return {
                username: '',
                password: '',
            }
        },
        methods: {
            subclick() {
                // 判断用户名和密码是否是指定数据
                //并通过$emit 触发父组件事件 onlogin 和传递数据
                if (this.username == "admin" && this.password ==
                                                "123") {
                    this.smsg = '';
                    this.$emit('onlogin', '登录成功, 欢迎您: ' +
                                            this.username);
                } else {
                    this.smsg = '用户名或密码错, 请重新输入';
                    this.$emit('onlogin', '');
                }

            }
        }
    });
    // 注册注册组件
    Vue.component('register', {
        template: '<div>注册页面</div>'
    });
    // 实例定义
    var vm = new Vue({
        el: '#app',
        data: {
            currentComponent: 'login',
            fmsg: ''
        },
        methods: {
            pagechange() {
                // 每次单击都进行页面切换
                if (this.currentComponent == "login") {
                    // 切换页面, 并清除提示信息
                    this.currentComponent = "register";
```

```
                            this.fmsg = '';
                    } else {
                            this.currentComponent = "login";
                    }
                },
                // 接收数据
                userlogin(value) {
                    this.fmsg = value;
                }

            }
        });
    </script>
</body>
</html>
```

模块小结

本模块介绍 Vue 的自定义组件。组件是 Vue 的核心与基础，Vue 实例是组件，根实例是根组件，所以读者应深刻理解组件的含义，熟练掌握组件的定义与用法。组件之间可以传递数据，父组件通过 props 属性和插槽向子组件传递数据，子组件通过自定义方法向父组件传递数据。使用动态组件可以实现组件的过渡动画。本模块通过 3 个工作任务示范了组件的用法，工作任务与知识点关系的思维导图如图 6-14 所示。

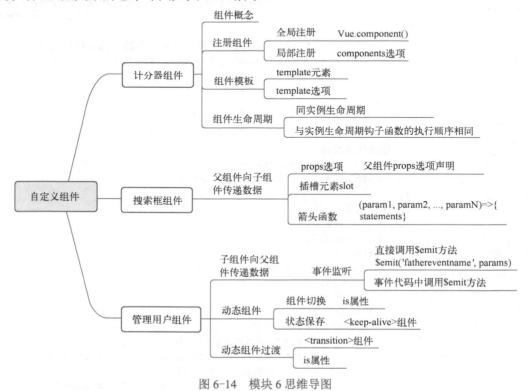

图 6-14 模块 6 思维导图

习题 6

1. 简述组件的定义格式。
2. 简述由父组件向子组件传递数据的方法。
3. 简述由子组件向父组件传递数据的方法。
4. 简述组件的注册方法。
5. 简述插槽的作用。
6. 如果想保留组件切换时的状态，可以将组件包裹在_____组件中。
7. 以下关于组件间的参数传递的叙述，哪一个是错误的？（   ）
   A. 子组件使用 $emit 方法可以给父组件传值
   B. 子组件使用 $emit('say')派发事件，父组件可使用 @say 监听事件
   C. 父组件通过 props 可以给子组件传值
   D. 父组件只能通过插槽给子组件传值

8. Vue 实例对象获取子组件实例对象的方式是（   ）。
   A. $parent   B. $child   C. $children   D. $component
9. 以下关于组件的描述，哪个是错误的？（   ）
   A. 根实例是一种特殊的组件
   B. 组件也有生命周期钩子函数
   C. 组件可以全局注册，也可以局部注册
   D. 一次只能注册一个组件
10. 以下哪个不是 Vue 实例对象的属性？（   ）
   A. $component   B. $root   C. $children   D. data

实训 6

1. 完善工作任务 6.3，设计用户注册组件，实现用户注册功能，要求将用户注册的信息传递给父组件并显示出来。

2. 用组件设计一个简单的计分程序，用于统计比赛的三个小组的成绩。界面设计参考图 6-15，每单击一次，被单击的小组增加 5 分。

各组得分统计

第一组： 5 分

第二组： 15 分

第三组： 10 分

图 6-15 计分程序界面设计

模块 7   Vue 路由

任务 7.1   设计页面路由

设计一个具有导航菜单的内容页，运行结果如图 7-1 所示，单击菜单的某一项显示对应菜单项的内容，显示时具有动画过渡效果，且菜单项呈现激活样式，图 7-1a 为初始显示效果，图 7-1b 为单击"待评价"菜单的显示效果。

7-1
页面导航

a)   b)

图 7-1   带导航菜单的内容页

7.1.1   单页面应用

单页面应用，顾名思义，就是整个应用只有一个主页面，其余的"页面"实际上是一个个的"组件"。应用中的"页面跳转"实际上是组件的切换，在这个过程中，只会更新局部资源，页面不会整个刷新，优点是访问效率更高，应用非常广泛，目前平台开发中的所有系统的前端部分，包括 Kadmin、TGS、OTA 都属于单页面应用。其不足是静态资源更新后，不会因为"页面切换"重新加载，必须手动刷新。Vue 官方推出的路由管理器能够实现 URL 和组件的对应，从而构建单页面应用。

7.1.2　路由视图

路由视图标签<router-view>可以看作是一个占位符，用于规定与 URL 对应的组件的显示位置，可以用于页面布局。主要属性为 name，取值为字符串，用于定义路由视图的名称，默认名称为 default，表示默认路由视图，设置了 name 属性的路由视图称为命名路由视图。如果设置了 name 属性值，则在路由管理器组件选项配置中就需要设置路由视图的名称。

7.1.3　路由构造器

路由管理器管理路由，由路由构造器（VueRouter）实例化，VueRouter 构造器定义组件（components）与路由（routes）的映射关系，将组件映射到指定的位置进行渲染，实现单页面应用，由第三方库 vue-router.js 提供，使用时需要下载（https://unpkg.com/vue-router/dist/vue-router.js）和引用，引用代码如下。

```
<script src=" vue-router.js"></script>
```

VueRouter 构造器的主要内容为 routes 选项，routes 选项是一个路由集合，定义格式如下。

```
routes: [
    // 使用匿名对象定义一条路由
    {
        path: string,
        component|components: object|array
    }
    //更多路由定义……
]
```

每一条路由使用一个匿名对象定义，其中，path 选项定义路由的路径，使用默认路径"/"或与路由导航的 to 属性值对应，component|components 定义路由显示的组件或组件集合，组件用 component 选项定义，组件集合用 components 选项定义。

Vue 根实例使用 router 选项将路由管理器挂载到页面中，路由管理器挂载后才可以使用。

【例 7-1】　使用路由视图和路由管理器管理组件，将组件显示到指定位置，程序运行结果如图 7-2 所示。

图 7-2　简单路由布局

```
<html>
    <head>
        <meta charset="utf-8" />
        <script src="js/vue.js"></script>
        <script src="js/vue-router.js"></script>
```

```
    </head>
    <body>
        <div id="app">
            <h2>登录页面</h2>
            <!-- 路由视图，为组件显示占位 -->
            <router-view></router-view>
        </div>
        <template id="login">
            <div>
                <p><span>用户名：</span><input></p>
                <p><span>密码：</span><input></p>
                <p><button>登录</button></p>
            </div>
        </template>
        <script>
            // 登录组件定义
            var login = {
                template: '#login'
            };
            //路由管理器对象定义
            var router = new VueRouter({
                // routes 选项定义路由集合
                routes: [
                    // 使用匿名对象定义一条路由
                    {
                        path: '/',
                        component: login
                    }
                ]
            });
            var vm = new Vue({
                el: '#app',
                // router 选项挂载路由管理器
                router: router
            });
        </script>
    </body>
</html>
```

【例 7-2】 使用命名路由视图和路由管理器进行页面布局，设计如图 7-3 所示的页面。

图 7-3　复杂路由布局

```
<body>
    <div id="app">
        <!-- 顶部导航组件占位 -->
        <router-view></router-view>
        <div class="container">
            <!-- 使用命名视图左侧导航组件占位 -->
            <router-view name="left"></router-view>
            <div class="subbar">
                <!-- 使用命名视图主菜单占位 -->
                <router-view name="main"></router-view>
                <!-- 使用命名视图内容占位 -->
                <router-view name="content"></router-view>
            </div>
        </div>
    </div>
    <template id='header'>
        <div class="header">
            <img src="img/jd.png">
            <a>首页</a>
            <a>账户设置</a>
        </div>
    </template>
    <template id='sidebar'>
        <div class="sidebar">
            <a>订单中心</a>
            <a>客户服务</a>
        </div>
    </template>
    <template id='subbar'>
        <div>
            <a>待付款</a>
            <a>待收货</a>
            <a>待评价</a>
            <a>退换/售后</a>
            <a>全部订单</a>
        </div>
    </template>
    <template id='content'>
        <h2>详细内容显示</h2>
    </template>
    <script>
        //组件定义
        var header = {
            template: '#header'
        };
        var sidebar = {
            template: '#sidebar'
        };
        var subbar = {
            template: '#subbar'
        };
        var content = {
```

```
        template: '#content'
    };
    // 路由对象定义
    var router = new VueRouter({
        routes: [{
            path: '/',
            // components 选项用匿名对象定义组件集合
            components: {
                'default': header,
                'left': sidebar,
                'main': subbar,
                'content': content
            }
        }]
    });
    var vm = new Vue({
        el: '#app',
        // 注册路由, 路由管理器的名字为 router, 省略不写
        router
    });
    </script>
</body>
```

> 在 ES6 语法中,用在对象某个属性的 key 和被传入的变量同名时可以省略,若路由管理器的名字为 router,通过 router 选项挂载时可省略不写。

7.1.4 路由导航

<router-link>组件用于设置导航链接,以切换不同的 HTML 内容,功能类似<a>标签,但是是单页面应用,能够在不重新加载页面的情况下更改 URL,效率更高,使用中需要结合<router-view>组件。常用的路由导航属性如表 7-1 所示。

表 7-1 常用的路由导航属性

属性名	说　　明
to	定义路由的目标地址,即要显示的内容,取值可以是一个字符串或者是描述目标位置的对象,如果是对象,需要用绑定的方式定义。该属性的取值与路由管理器 routes 选项中的匿名对象定义的某条路由的 path 取值必须一致
replace	可选属性,设置后单击时会调用 router.replace()函数,而不是 router.push()函数,导航后不会留下历史(history)记录
append	可选属性,设置后在当前(相对)路径前添加其路径
tag	定义<router-link>渲染的结果标签,默认为<a>标签。不管是何种标签,都会监听单击事件,触发导航
active-class	设置链接激活时使用的样式类名,改善用户体验

> 如果注册在<router-link>上的事件无效,可以通过给事件添加 native 修饰符解决。因为<router-link>组件会阻止单击事件,使用 native 修饰符可以直接监听一个原生事件。

【例 7-3】 修改例 7-1,使得单击"登录页面"后再显示登录组件,程序运行结果如图 7-4 所示,图 7-4a 为初始显示效果,图 7-4b 为单击"登录页面"后的显示效果。

图 7-4　简单路由导航

```html
<body>
    <div id="app">
        <!-- 设置路由导航 -->
        <router-link to="/loginpage" tag="span">
            <h2>登录页面</h2>
        </router-link>
        <!-- 路由视图，为组件显示占位 -->
        <router-view></router-view>
    </div>
    <template id="login">
        <div>
            <p><span>用户名：</span><input></p>
            <p><span>密码：</span><input></p>
            <p><button>登录</button></p>
        </div>
    </template>
    <script>
        var login = {
            template: '#login'
        };
        // 路由管理器定义
        var router = new VueRouter({
            routes: [{
                // 定义路由路径，取值为路由导航的 to 属性值
                path: '/loginpage',
                component: login
            }]
        });
        var vm = new Vue({
            el: '#app',
            // 挂载路由管理器
            router
        });
    </script>
</body>
```

【例 7-4】　设计如图 7-1 所示的路由导航。

```html
<body>
    <div id="app">
        <div class="subbar">
```

```
        <!-- 带有激活样式的路由导航定义 -->
        <router-link to="/bar1" tag="span" active-class="active">
                                待付款</routr-link>
        <router-link to="/bar2" tag="span" active-class="active">
                                待收货</router-link>
        <router-link to="/bar3" tag="span" active-class="active">
                                待评价</router-link>
        <router-link to="/bar4" tag="span" active-class="active">
                                退换/售后</router-link>
        <router-link to="/bar5" tag="span" active-class="active">
                                全部订单</router-link>
    </div>
    <router-view class="content"></router-view>
</div>
<script>
    // 组件定义
    var content1 = {
        template: '<h2>待付款的订单信息</h2>'
    };
    var content2 = {
        template: '<h2>待收货的订单信息</h2>'
    };
    var content3 = {
        template: '<h2>待评价的订单信息</h2>'
    };
    var content4 = {
        template: '<h2>退换/售后的订单信息</h2>'
    };
    var content5 = {
        template: '<h2>全部订单的信息</h2>'
    };
// 路由管理器定义
var router = new VueRouter({
    routes: [
        {path: '/',component: content5},
        {path: '/bar1',component: content1},
        {path: '/bar2',component: content2},
        {path: '/bar3',component: content3},
        {path: '/bar4',component: content4},
        {path: '/bar5',component: content5}
    ]
});
var vm = new Vue({
    el: '#app',
    //挂载路由管理器
    router
});
</script>
```

还可以给路由设置名字，使用绑定的方式定义路由导航的 to 属性，用对象定义属性取值，在取值中增加 name 选项即可。

【例 7-5】 修改例 7-4，给路由加上名字选项。

需要修改的相关代码修改如下。

```
<div id="app">
    <div class="subbar">
        <!-- 带有激活样式的路由导航定义 -->
        <router-link v-bind:to="{name:'bar11'}" tag="span"
                        active-class= "active">待付款</router-link>
        <router-link v-bind:to="{name:'bar12'}" tag="span"
                        active-class= "active">待收货</router-link>
        <router-link v-bind:to="{name:'bar13'}" tag="span"
                        active-class="active">待评价</router-link>
        <router-link v-bind:to="{name:'bar14'}" tag="span"
                        active-class= "active">退换/售后</router-link>
        <router-link v-bind:to="{name:'bar15'}" tag="span"
                        active-class="active">全部订单</router-link>
    </div>
    <router-view class="content"></router-view>
</div>

    // 路由管理器定义
    var router = new VueRouter({
        routes: [
            {path: '/',component: content5},
            {path: '/bar1',name:'bar11',component: content1},
            {path: '/bar2',name:'bar12',component: content2},
            {path: '/bar3',name:'bar13',component: content3},
            {path: '/bar4',name:'bar14',component: content4},
            {path: '/bar5',name:'bar15',component: content5}
        ]
    });
```

v-bind 也可以省略。直接写成以下格式。

```
<router-link :to="{name:'bar11'}" tag="span">待付款</router-link>
```

7.1.5　路由过渡

　　将路由视图组件<router-view>包裹在过渡组件<transition>中，还可以实现组件切换的动画效果，改善用户体验。

　　【例 7-6】　使用路由过渡设计一个如图 7-5 所示的带动画效果的组件切换页面，页面初始显示效果如图 7-5a 所示，在"红色盒子"和"绿色盒子"上单击时切换到对应颜色的盒子，在"绿色盒子"上单击时显示效果如图 7-5b 所示。切换时颜色缓慢变化。

a)　　　　　　　　　　　　　　　　　　　b)

图 7-5　路由过渡

```html
<html>
    <head>
        <meta charset="UTF-8">
        <script src="js/vue.js"></script>
        <script src="js/vue-router.js"></script>
        <style>
            /* 过渡样式 */
            .v-enter-active,.v-leave-active {
                transition: opacity 3s
            }

            /* 初始样式 */
            .v-enter,.v-leave-to {
                opacity: 0
            }

            /* 设置盒子样式 */
            .div1,.div2 {
                width: 178px;
                height: 60px;
                text-align: center;
                color: white;
            }
            .div1 {
                background-color: #FFB6C1;
            }
            .div2 {
                background-color: green;
            }

            /* 设置文字样式 */
            span {
                display: inline-block;
                width: 80px;
                background-color: aliceblue;
                margin: 10px 10px 10px 0;
                text-align: center;
            }
        </style>
    </head>
    <body>
        <div id="app">
            <router-link to="/red" tag="span">红色盒子</router-link>
            <router-link to="/green" tag="span">绿色盒子</router-link>
            <!-- 定义路由过渡 -->
            <transition>
                <router-view></router-view>
            </transition>
        </div>
        <script>
            //创建组件
            var red = {
                template: '<div class="div1">红色</div>'
            };
```

```
              var green = {
                  template: '<div class="div2">绿色</div>'
              };
              var router = new VueRouter({
                  routes: [
                      //配置路由匹配规则
                      {path: '/',component: red},
                      {path: '/red',component: red},
                      {path: '/green',component: green},
                  ]
              });
              var vm = new Vue({
                  el: '#app',
                  //挂载路由
                  router
              });
          </script>
      </body>
  </html>
```

 【任务实现】

1. 任务设计

1）参考例 7-4 或例 7-5 实现页面基本导航功能。

2）使用路由过渡为导航增加过渡动画效果。

2. 任务实施

1）修改路由视图组件代码如下。

```
<!-- 定义路由过渡 -->
<transition>
    <router-view class="content"></router-view>
</transition>
```

2）添加样式代码如下。

```
<style>
    /* 菜单样式设计 */
    .subbar {
        background-color: darkolivegreen;
        padding: 10px;
        color: white;
    }
    span {
        display: inline-block;
        width: 80px;
        margin: 0 10px;
    }
    .content {
        text-align: center;
    }

    /* 路由激活样式 */
```

```
.active {
    color: gold;
}

/* 过渡效果 */
.v-enter-active,.v-leave-active {
    transition: opacity 5s
}

/* 初始效果 */
.v-enter,.v-leave-to {
    opacity: 0
}
</style>
```

任务 7.2 给路由传递参数

修改工作任务 7.1，将页面导航关键字用参数传递给组件，并在组件中显示接收到的参数信息。

7.2.1 路由实例

路由跳转后会生成当前激活路由的一个对象 this.\$route，通过该对象可以访问当前路由的相关信息。常用的路由对象属性如表 7-2 所示。

表 7-2　路由对象属性

属性名	数据类型	说　明
fullPath	string	URL 编码，与路由地址有关，包括 path、query 和 hash
hash	string	已解码 URL 的 hash 部分，总是以#开头。如果 URL 中没有 hash，则为空字符串
query	Record<string, string | string[]>	从 URL 的 search 部分提取的、已解码的查询参数的数据字典
matched	RouteRecordNormalized[]	与给定路由地址匹配的、标准化的、路由记录数组
meta	RouteMeta	附加到从父级到子级合并（非递归）的所有匹配记录的任意数据
name	string | symbol | undefined | null	路由记录的名称，如果什么都没提供，则为 undefined
params	Record<string, string | string[]>	从 path 中提取的、已解码参数的数据字典
path	string	编码 URL 的 pathname 部分，与路由地址有关
redirectedFrom	RouteLocation	在找到 redirect 配置或带有路由地址的名为 next() 的导航守卫时，从最初尝试访问的路由地址到最后到达的当前位置。如果没有重定向，则为 undefined

7.2.2 路由管理器对象

使用路由导航组件<router-link>实现的路由是声明式路由，还可以通过编程的方式实现路由。在 Vue 实例中通过 router 选项注入路由之后，会生成一个全局路由器管理器对象 this.\$router，通过该对象调用路由方法，能够实现路由的编程式管理。路由管理器的主要方法如表 7-3 所示。

表 7-3　路由管理器的主要方法

方法名	说　　明
push()	该方法通过在历史堆栈中推送一个路由队列，能够以编程方式导航到一个新的 URL，方法包含一个 RouteLocationRaw 类型的参数，规定要导航到的路由地址
replace()	该方法通过替换历史堆栈中的当前路由队列，以编程方式导航到一个新的 URL，运行效果与 push() 方法一样，但是导航后当前路由被替换掉了，在路由历史栈中找不到，没办法通过相关方法访问
go()	该方法用于在历史路由中前进或后退，参数值为整数，表示在历史路由中前进或后退的步数，正数表示前进，负数表示后退
addRoute()	添加一条新的路由记录作为现有路由的子路由，如果路由有一个 name，并且已经有一个与之名字相同的路由，会先删除之前的路由
removeRoute()	通过名称删除现有路由
afterEach()	添加一个导航钩子，在每次导航后执行，返回一个删除注册钩子的函数
beforeEach()	添加一个导航守卫，在任何导航前执行，返回一个删除已注册守卫的函数
back()	如果可能的话，通过调用 history.back() 回溯历史，相当于 router.go(-1)
forward()	如果可能的话，通过调用 history.forward() 在历史中前进，相当于 router.go(1)
getRoutes()	获取所有路由记录的完整列表
hasRoute()	确认是否存在指定名称的路由
onError()	添加一个错误处理程序，在导航期间每次发生未捕获的错误时都会调用该处理程序，包括同步和异步抛出的错误、在任何导航守卫中返回或传递给 next 的错误，以及在试图解析渲染路由所需的异步组件时发生的错误

 导航守卫是指路由跳转过程中的一些钩子函数。路由跳转是一个大的过程，这一过程又可以细分为跳转前、中、后等若干小过程，每一个过程中都有对应的函数为用户提供操作的时机，这些函数称为导航守卫。

【例 7-7】　修改例 7-3，用编程的方式实现路由导航。

组件和路由管理器的代码不变，仅修改页面 HTML 代码和 Vue 实例代码如下。

```
<div id="app">
    <!-- 定义单击事件 -->
    <span @click="gologin">
        <h2>登录页面</h2>
    </span>
    <router-view></router-view>
</div>

var vm = new Vue({
    el: '#app',
    router,
    methods: {
        // 单击事件响应方法
        gologin() {
            // 使用 push()方法实现动态路由导航
            this.$router.push({
                path: '/loginpage'
            })
        }
    }
});
```

【例 7-8】　完善例 7-7，为页面加上标题属性，页面初始标题为“首页”，打开登录页面时标题显示为“登录页面”。程序运行结果如图 7-6 所示，图 7-6a 为初始页面，图 7-6b 为打开的登录页面。

a)   b)

图 7-6　修改页面标题属性

1）修改路由管理器代码如下。

```
var router = new VueRouter({
    routes: [{
        path: '/loginpage',
        meta: {title: '登录页面'},
        component: login
    }]
});
```

2）使用 beforeEach()方法修改页面标题，增加代码如下。

```
router.beforeEach((to, from, next) => {
    if (to.meta.title) {
        document.title = to.meta.title
    }
    next()
});
```

7.2.3　query 方式的参数传递

如果路由映射到的多个组件的模板结构相同，只是显示内容不同，就可以将多个路由映射到同一个组件，通过给组件传参的方式区分路由。本模块工作任务 7.1 中，订单中心不同的订单只是状态不同，基本信息是一致的，其所对应的组件模板一样，这时候就非常适合用传参的方式将不同的路由对应到一个组件。

与网页 URL 一样，可以用 query 方式进行参数传递，在<router-link>标签的 to 属性中用键值对的方式进行参数传递。用问号（?）分隔 URL 路径和参数，多个参数用与运算符（&）进行连接。

这种参数传递方式比较简单，路由管理器配置不需要做任何处理，在组件中通过路由实例对象的 query 属性访问参数名，即可获取接收到的参数值。

【例 7-9】　完善例 7-3，使用 query 方式给登录组件传递用户名和密码参数，并在组件中进行显示，模拟网页中自动显示已保存的用户名和密码操作。

1）修改路由导航代码如下。

```
<!-- 使用 query 方式传递两个参数 -->
<router-link to="/loginpage?name=admin&pass=123" tag="span">
```

```
        <h2>登录页面</h2>
    </router-link>
```

2）修改组件定义代码如下。

```
<template id="login">
    <div>
        <!-- 绑定显示接收到的数据 -->
        <p><span>用户名：</span><input v-bind:value="name"></p>
        <p><span>密码：</span><input v-bind:value="pass"></p>
        <p><button>登录</button></p>
    </div>
</template>
<script>
    var login = {
        template: '#login',
        data() {
            return {
                // 使用$route.query 获取参数
                name: this.$route.query.name,
                pass: this.$route.query.pass
            }
        }
    };
</script>
```

【例 7-10】 修改例 7-4，将订单状态用 query 方式的参数传递给内容组件并显示。

```
<div id="app">
    <div class="subbar">
        <router-link to="/bar1?state=待付款" tag="span">待付款</router-link>
        <router-link to="/bar2?state=待收货" tag="span">待收货</router-link>
        <router-link to="/bar3?state=待评价" tag="span">待评价</router-link>
        <router-link to="/bar4?state=退换/售后" tag="span">退换/售后</router-link>
        <router-link to="/bar5?state=全部订单" tag="span">全部订单</router-link>
    </div>
    <router-view class="content"></router-view>
</div>
<script>
    // 组件定义
    var content = {
        template: '<h2>{{this.$route.query.state}}的订单信息</h2>'
    };
    // 默认组件定义
    var contentdefault = {
        template: '<h2>全部订单的订单信息</h2>'
    };
    // 路由管理器定义
    var router = new VueRouter({
        routes: [
            {path: '/',component: contentdefault},
            {path: '/bar1',component: content},
            {path: '/bar2',component: content},
            {path: '/bar3',component: content},
            {path: '/bar4',component: content},
            {path: '/bar5',component: content}
```

```
        ]
    });
    var vm = new Vue({
        el: '#app',
        router
    });
</script>
```

7.2.4　params 方式的参数传递

　　query 方式是一种明码参数传递方式，还可以用 params 方式隐藏参数名进行参数传递，用斜杠（/）分隔 URL 路径和参数，多个参数也用斜杠（/）进行分隔。

　　这种参数传递方式需要在路由对象配置中为参数起别名，命名方式为冒号加参数名，例如，本节工作任务传递的参数为订单的状态，可以起一个有意义的别名 state，命名方式即为 :state。

　　在组件中通过路由对象属性 params 访问参数的别名，从而获取接收到的参数值。

【例 7-11】　修改例 7-10，将订单状态用 params 方式的参数进行传递。

```html
<div id="app">
    <div class="subbar">
        <router-link to="/bar1/待付款" tag="span">待付款</router-link>
        <router-link to="/bar2/待收货" tag="span">待收货</router-link>
        <router-link to="/bar3/待评价" tag="span">待评价</router-link>
        <router-link to="/bar4/退换&售后" tag="span">退换/售后</router-link>
        <router-link to="/bar5/全部订单" tag="span">全部订单</router-link>
    </div>
    <router-view class="content"></router-view>
</div>
<script>
    // 组件定义
    var content = {
        template: '<h2>{{this.$route.params.state}}的订单信息</h2>'
    };
    // 默认组件定义
    var contentdefault = {
        template: '<h2>全部订单的订单信息</h2>'
    };
    // 路由管理器定义
    var router = new VueRouter({
        routes: [
            {path: '/',component: contentdefault},
            {path: '/bar1/:state',component: content},
            {path: '/bar2/:state',component: content},
            {path: '/bar3/:state',component: content},
            {path: '/bar4/:state',component: content},
            {path: '/bar5/:state',component: content}
        ]
    });
    var vm = new Vue({
        el: '#app',
        router
```

```
    });
</script>
```

这种参数传递方式还可以用正则表达式匹配参数，实现更为实用的参数传递，读者可以参考路由官网有关"高级匹配模式"的内容。

> 斜杠（/）是参数的分隔符，因此，参数值中不能有斜杠，本节任务"退换/售后"导航中的斜杠用&替代。

7.2.5 路由的模式

创建路由管理器实例时还可以设置路由的模式，默认是 hash 模式，即在地址栏 URL 中会包含"#"符号。通过设置路由管理器的 mode 选项，可以将路由设置为 history 模式，使用 history 模式可以去掉 URL 中的"#"符号，但是因为可以自由地修改 path，如果刷新时服务器中没有相应的资源，会显示找不到页面的 404 错误。

【例 7-12】 修改例 7-11，为页面添加两个按钮，运行效果如图 7-7 所示，编写按钮单击事件代码，单击按钮，观察页面地址栏。

图 7-7 具有前进后退按钮的页面

1）增加前进和后退两个按钮的定义代码如下。

```
<div>
    <button @click="back" class="left">&lt;&lt;</button>
    <button @click="forword" class="right">&gt;&gt;</button>
</div>
```

2）编写按钮单击事件代码如下。

```
methods: {
    back() {
        history.go(-1);
    },
    forword() {
        history.forward();
    }
}
```

【例 7-13】 修改例 7-12，设置路由模式，单击按钮，观察页面地址栏。
为路由管理器对象 router 添加路由模式设置代码如下。

```
var router = new VueRouter({
    //设置路由模式
    mode: 'history',
```

```
        routes: ……//同例 7-11，代码略
    })
```

【任务实现】

同例 7-10 或例 7-11。

任务 7.3　设计嵌套路由

设计一个在左侧和顶部有导航菜单的页面，运行结果如图 7-8 所示，单击左侧菜单，顶部菜单对应变化，如图 7-8a 和图 7-8c 所示。单击顶部菜单，显示内容对应变化，如图 7-8a 和图 7-8b 所示。

7-2
嵌套路由

图 7-8　嵌套路由设计

7.3.1　嵌套路由父级设计

路由还可以嵌套，在实际使用中，嵌套路由是非常普遍的一种情况。嵌套路由的设计可以

分为父级路由设计和子级路由设计两个部分，父级路由设计同普通路由设计。

【例 7-14】　设计如图 7-9 所示的路由，图 7-9a 和图 7-9b 分别为在不同的左侧菜单项单击时对应的显示信息。

a)

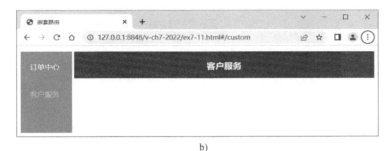

b)

图 7-9　嵌套路由父级设计

```html
<html>
    <head>
        <meta charset="utf-8" />
        <title>嵌套路由父级设计</title>
        <script src="js/vue.js"></script>
        <script src="js/vue-router.js"></script>
        <style>
            span,a {
                display: inline-block;
                width: 80px;
                margin: 20px;
                color: white;
            }
            .container {
                display: flex;
            }
            .sidebar {
                width: 110px;
                height: 180px;
                background-color: darkgray;
                margin: 5px 5px 0 0;
                padding-top: 4px;
            }
            .subbar {
                flex: 1;
                background-color: darkolivegreen;
                margin: 5px 0px 0 0;
```

```
                height: 60px;
            }
            /* 路由激活样式 */
            .active{
                color:gold;
            }
        </style>
    </head>
    <body>
        <div id="app">
            <div class="container">
                <div class="sidebar">
                    <router-link to="/order" tag="span" active-class=
                                "active">订单中心</router-link>
                    <router-link to="/custom" tag="span" active-class=
                                "active">客户服务</router-link>
                </div>
                <div class="subbar">
                    <router-view></router-view>
                </div>
            </div>
        </div>
        <template id='order'>
            <div>
                <a>待付款</a>
                <a>待收货</a>
                <a>待评价</a>
                <a>退换/售后</a>
                <a>全部订单</a>
            </div>
        </template>
        <template id='custom'>
            <h3 style="text-align: center;color: white;">客户服务</h3>
        </template>
        <script>
            var order = {
                template: '#order'
            };
            var custom = {
                template: '#custom'
            };
            // 路由管理器定义
            var router = new VueRouter({
                routes: [
                    {path: '/',component: order},
                    {path: '/order',component: order},
                    {path: '/custom',component: custom},
                ]
            });
            var vm = new Vue({
                el: '#app',
                router
            });
        </script>
```

```
        </body>
    </html>
```

7.3.2　嵌套路由子级设计

嵌套路由的子路由本质上也是路由，其设计遵循路由的基本规范，有以下两点需要注意。

1）子路由的路由导航元素<router-link>的 to 属性设置不同，格式如下。

```
<router-link to="/父路由的地址/子路由的相对路径"></router-link>
```

2）路由管理器中，包含子路由的父路由定义格式不同，需要增加 children 选项，在 children 选项中定义子路由，定义格式同路由的 routes 选项。但是，其中的 path 选项不需要写完整路径，也不能带斜杠（/），以确保子路由从父路由的相对路径开始。

【任务实现】

1. 任务设计

1）参考例 7-14 设计父路由。

2）对"订单中心"菜单项设计子路由。

2. 任务实施

1）修改"订单中心"组件的模板代码如下。

```
<template id='order'>
    <div>
        <router-link to="/order/bar1?state=待付款" tag="span">
                            待付款</router-link>
        <router-link to="/order/bar2?state=待收货" tag="span">
                            待收货</router-link>
        <router-link to="/order/bar3?state=待评价" tag="span">
                            待评价</router-link>
        <router-link to="/order/bar4?state=退换/售后" tag="span">
                            退换/售后</router-link>
        <router-link to="/order/bar5?state=全部订单" tag="span">
                            全部订单</router-link>
        <router-view class="content"></router-view>
    </div>
</template>
```

2）为"订单中心"父路由增加 children 选项，增加后的代码如下。

```
{
    path: '/order',
    component: order,
    children: [
        {path: '',component: contentdefault},
        {path: 'bar1',component: content},
        {path: 'bar2',component: content},
        {path: 'bar3',component: content},
        {path: 'bar4',component: content},
        {path: 'bar5',component: content}
    ]
},
```

3）编写"订单中心"子路由的组件代码如下。

```
var content = {
    template: '<h2>{{this.$route.query.state}}的订单信息</h2>'
};
var contentdefault = {
    template: '<h2>全部订单的订单信息</h2>'
};
```

> **Tips** 本任务子路由的代码建议通过复制例 7-10 的代码修改编写，从而体会子路由设计的要点，以及子路由和父路由的区别与联系。

模块小结

本模块介绍路由插件的用法。路由是 Vue 单页面应用的基石，是实现页面局部更新的技术基础，在 Vue 中占有非常重要的地位。路由实现涉及路由视图组件、路由导航组件和路由管理器对象，使用路由实例对象的方法可以向路由传递参数，有 params 和 query 两种传参方式，路由还可以嵌套，嵌套方法非常简单，在子路由设计中添加子路由关键字即可。本模块通过 3 个工作任务示范了路由的用法，工作任务与知识点关系的思维导图如图 7-10 所示。

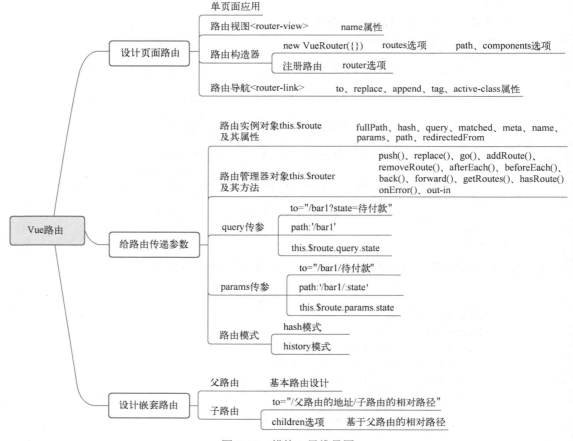

图 7-10　模块 7 思维导图

习题 7

1. 简述单页面应用的概念及优点。
2. 简述路由视图的作用与用法。
3. 如何定义 vue-router 的静态路由？
4. 如何定义 vue-router 的动态路由？怎样获取传过来的动态参数？
5. 简述 $route 和 $router 的区别。
6. 简述嵌套路由的定义方法。
7. 简述 params 和 query 两种传递参数方式的区别。
8. 通过给事件添加_____修饰符可以确保注册在 router-link 上的事件有效。
9. active-class 是哪个组件的属性？（　　　）
　　A. router-link　　　　B. router-view　　　　C. router　　　　D. a
10. 以下关于 vue-router 的描述，哪项不正确？（　　　）
　　A. vue-router 的常用模式有 hash 和 history 两种
　　B. 可通过 addRoutes 方法动态添加路由
　　C. 可通过 beforeEnter 对单个组件进行路由守卫
　　D. vue-router 借助 Vue 实现响应式的路由，因此只能用于 Vue
11. 以下哪种方式实现不了路由跳转？（　　　）
　　A. push()　　　　B. replace()　　　　C. jump()　　　　D. route-link
12. 以下哪段代码能够获取动态路由 { path: '/user/:id'} 中 id 的值？（　　　）
　　A. this.$route.params.id
　　B. this.route.params.id
　　C. this.$router.params.id
　　D. this.route.params.id
13. 以下哪段代码能够正确地传递参数？（　　　）
　　A. this.$router.push({path:",query：{}})
　　B. this.$route.push({path:",params：{}})
　　C. this.$router.push({path：'/describe/${id}'})
　　D. this.$route.push({path：'/describe/${id}'})

实训 7

1. 完善工作任务 7.3，使用页面导航实现例 7-2 中的顶部导航菜单功能（如图 7-3 所示）。
2. 使用路由实现工作任务 6.3，体会路由与动态组件切换的区别与联系。

模块 8　　Vue CLI

学习目标

知识目标

1）熟悉创建 CLI 项目的步骤。
2）掌握调试 CLI 项目的方法。
3）理解 CLI 项目的结构及文件之间的逻辑关系。
4）掌握单文件组件的定义与使用方法。
5）开发用户管理 CLI 项目。

能力目标

1）具备开发 CLI 项目的能力。
2）具备开发与使用单文件组件的能力。
3）具备使用插件的能力。

素质目标

1）具有开发 CLI 项目的素质。
2）具有团队协作精神。
3）具有良好的软件编码规范素养。

任务 8.1　了解 CLI 基础知识

8.1.1　Vue CLI 的特点

Vue CLI（Command-Line Interface）是开发 Vue.js 应用程序的标准工具，具有以下特点。

1）功能丰富：对 Babel、TypeScript、ESLint、PostCSS、PWA、单元测试和 End-to-end 测试提供开箱即用的支持。

2）易于扩展：插件系统可以让社区根据常见需求构建和共享可复用的解决方案。

3）无需 Eject：Vue CLI 完全是可配置的，无需 Eject。能够保持项目长期更新。

4）图形化界面：具有配套的图形化界面，方便创建、开发和管理项目。

5）即刻创建原型：用单个 Vue 文件也可以实现功能。

6）面向未来：能够为现代浏览器轻松产出原生的 ES 2015 代码，还可以将 Vue 组件构建为原生的 Web Components 组件。

8.1.2　CLI 安装必备

1. 安装 node.js

CLI 需要 node.js 的支持，因此，需要首先安装 node.js。从官网（https://nodejs.org/en/download/）

下载 node.js，下载后直接运行即可安装，如图 8-1 所示。图 8-1a 为开始运行界面，图 8-1b 为开始安装界面。安装完成后通过 cmd 命令打开 DOS 命令行环境，输入"node -v"命令查看 node.js 的版本，如果能够正确显示版本号，如图 8-1c 所示，说明安装成功。本教材案例安装的 node.js 版本为 16.13.1。

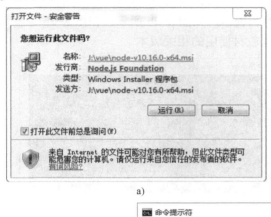
a)

b)

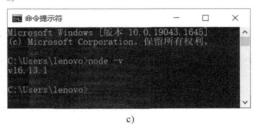
c)

图 8-1　安装 node.js

 node.js 的安装路径中不能出现中文。

2．NPM 包管理工具

Node Package Manager（NPM）是一个 node.js 包管理工具，在安装 node.js 时自动安装，在 DOS 命令行环境输入命令"npm -v"可以查看 npm 的版本，当前的稳定版本是 8.9.0，npm 由三个独立的部分组成。

- 网站：是开发者查找包（package）、设置参数以及管理 npm 使用体验的主要途径。
- 注册表（registry）：是一个巨大的数据库，其中保存了每个包（package）的信息。
- 命令行工具（CLI）：CLI 通过命令行或终端运行，开发者通过 CLI 与 npm 进行交互。

8.1.3　Git-Bash 命令行工具

1．Git-Bash 是什么

如果觉得利用 DOS 命令行环境操作命令不太方便，也可以安装 Git-Bash 命令行工具执行命令。Git-Bash 是一个适用于 Microsoft Windows 环境的应用程序，为 Git 命令行体验提供了一个仿真层，相当于在 Window 上通过 Git-Bash 模拟 UNIX 命令行的终端，其实质就是一个 Windows 下的命令行工具，以方便习惯 Windows 可视化操作的用户操作命令行。

2．安装与使用 Git-Bash

打开 git for windows 官网（https://gitforwindows.org/），单击"Download"按钮，下载 git 安装包。双击下载后的安装程序，根据提示进行安装，全部使用默认值即可。

安装完成后在需要启动 Git-Bash 的位置右击，弹出如图 8-2a 所示的快捷菜单，选择"Git Bash Here"即可在指定位置打开 Git-Bash 命令行窗口，如图 8-2b 所示。在图 8-2b 中输入了关于 node.js、npm、vue 的版本查看命令，显示本教材使用的相关版本。

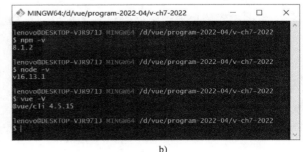

a)   b)

图 8-2　使用 Git-Bash

 Git-Bash 只是方便命令操作的一个工具，跟项目无关，可以不安装。

任务 8.2　创建 CLI 项目

8.2.1　命令行创建与运行 CLI 项目

如果不喜欢用命令行方式创建项目，也可以跳过本节，直接用 8.2.2 节的方式创建项目，但是本节的学习对 CLI 项目的理解有帮助，建议快速阅读。

1．全局安装@vue/cli

以命令行方式创建项目需要全局安装@vue/cli。打开待创建项目的路径，在命令行输入以下命令可以安装@vue/cli 脚手架。

```
npm install -g @vue/cli
```

或

```
yarn global add @vue/cli
```

安装完成后在命令行可以通过以下命令查看安装结果。

```
vue -V
```

如果安装成功，运行命令会显示 Vue 的版本，参见图 8-2b。

2．命令行创建项目

打开待创建项目的路径，在命令行输入以下命令可以创建 Vue 项目。

```
vue create my-project
```

其中，my-project 是待创建项目的名称，项目名称中不允许出现大写字母。

在项目创建过程中会给出一系列的提示，首先提示选择项目的创建方式，如图 8-3 所示。选择 Default（Vue 3）后会进一步显示项目的相关设置信息，如 Babel 配置、TypeScript 编程语言选择等，如图 8-4 所示。

```
MINGW64:/d/vue/program-2022-04/v-ch7-2022                    —    □    ×

lenovo@DESKTOP-VJR971J MINGW64 /d/vue/program-2022-04/v-ch7-2022
$ vue create test
? Please pick a preset: (Use arrow keys)
> Default ([Vue 2] babel, eslint)
  Default (Vue 3) ([Vue 3] babel, eslint)
  Manually select features
```

图 8-3　以命令行方式创建 Vue 项目

```
MINGW64:/d/vue/program-2022-04/test                          —    □    ×

lenovo@DESKTOP-VJR971J MINGW64 /d/vue/program-2022-04/test
$ vue create test
? Please pick a preset: Manually select features
? Check the features needed for your project: (Press <space> to sele
oggle all, <i> to invert selection)
>(*) Choose Vue version
 (*) Babel
 ( ) TypeScript
 ( ) Progressive Web App (PWA) Support
 ( ) Router
 ( ) Vuex
 ( ) CSS Pre-processors
 (*) Linter / Formatter
 ( ) Unit Testing
 ( ) E2E Testing
```

图 8-4　Vue 项目的设置信息

也可以在创建时使用手动模式创建项目，根据需要设置项目创建的选项，选择时按〈Ctrl+A〉键全选选项，按〈Ctrl+I〉键反选选项，按空格键选择某一个选项，按方向键可以在项目之间移动，按〈Ctrl+C〉键退出操作。

3. 命令行可视化创建项目

也可以在命令行输入"vue ui"命令可视化创建项目。命令输入完毕会自动打开网址（http:// localhost:8000/project/select），进入可视化创建界面，如图 8-5所示，打开"创建"选项卡，按照提示设置项目的相关信息即可完成项目的创建。

图 8-5　可视化创建 Vue 项目

4. 运行项目

不管以哪种方式创建的项目，创建完毕在项目目录下输入命令"npm run serve"，则启动项目服务，启动成功后生成项目的运行网址，如图 8-6 所示。

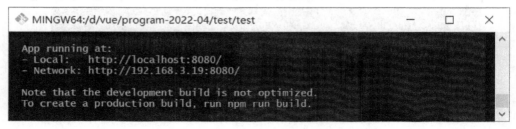

图 8-6　启动 Vue 项目服务

在浏览器输入服务网址http://localhost:8080/，显示如图 8-7所示的网页，表明项目创建成功。

图 8-7　运行 Vue 项目

8.2.2　在 HBuilderX 环境下创建与运行 CLI 项目

1. 创建项目

在 HBuilderX 开发环境中，可以用可视化的方式创建项目。选择"文件"→"新建"→"项目"菜单项，选择"vue 项目（2.6.10）vue-cli 默认项目（仅包含 babel）"模板，输入项目名称，单击"创建"按钮，开始项目的创建，如图 8-8 所示。

8-1
创建 CLI 项目

图 8-8　创建 Vue 项目

2. 运行项目

在项目上右击，选择"外部命令(O)"→"运行设置(S)"菜单项，打开运行配置文件 Settings.json，如图 8-9 所示，配置 npm 路径和 node.js 安装路径。图 8-9 选择在"外部终端"运行项目。

图 8-9　配置 Vue 项目

配置完毕后保存配置，在项目上右击，选择"外部命令(O)"→"npm run build"菜单项，运行项目配置，运行完弹出命令对话框，如图 8-10 所示，表明项目已正确构建。

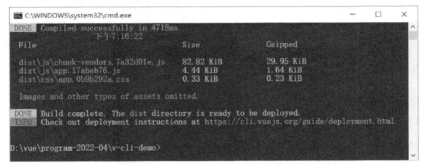

图 8-10　构建 Vue 项目

接下来继续在项目上右击，选择"外部命令(O)" → "npm run serve"菜单项，运行项目服务，运行完弹出命令对话框，如图 8-11 所示，表明项目服务已正确启动。

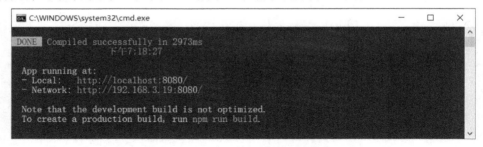

图 8-11　启动 Vue 项目服务

在浏览器输入提示的网址 http://localhost:8080/，显示如图 8-12 所示的页面，完成项目运行。

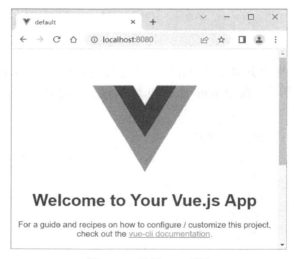

图 8-12　运行 Vue 项目

任务 8.3　实战 CLI 项目

创建一个 CLI 项目，显示任务 6.1 创建的计分器组件。程序运行结果如图 8-13 所示。

8-2
CLI 计分器组件

图 8-13　计分器组件

8.3.1　单文件组件

在本书模块 6 中介绍过，使用对象定义组件，使用 Vue.component()方法或 components 选项注册组件。这种方式在小规模的项目中运作很好，因为在小规模项目中，JavaScript 只是被用来加载特定的视图。但是，在复杂的项目中，或者在前端完全由 JavaScript 驱动的时候，就会有以下缺点。

1）全局定义：强制要求每个组件的命名不得重复。

2）不支持 CSS：当 HTML 和 JavaScript 组件化时，CSS 会被忽略。

3）没有构建步骤：限制只能使用 HTML 和 ES5 JavaScript，不能使用预处理器，如 Pug（formerly Jade）和 Babel。

使用文件扩展名为.vue 的单文件组件可以解决以上所有问题，并且可以使用 webpack 或 Browserify 等构建工具。

顾名思义，单文件组件就是用一个文件定义一个组件。在 Vue 项目中，自动创建的每一个.vue 文件都是一个单文件组件。它包含以下三部分内容，分别对应自定义组件的模板、功能和样式。

```
<!-- 定义组件的模板 -->
<template>
</template>
<!-- 定义组件的功能 -->
<script>
</script>
<!-- 定义组件的样式 -->
<style>
</style>
```

【例 8-1】　为工作任务 6.1 中的计分器组件添加样式，并改写为单文件组件。

```
<!-- 定义组件的模板 -->
<template>
    <button v-on:click="clicknum">{{count}}</button>
</template>
<!-- 定义组件的功能 -->
<script>
    var ComCount = {
        //定义组件的数据
        data() {
            return {
                count: 0
            }
        },
        methods: {
            clicknum() {
                this.count++;
            }
        }
    };
</script>
<!-- 定义组件的样式 -->
<style>
```

```
button {
    border: none;
    background-color: aquamarine;
}
</style>
```

Tips 通过给样式标签<style>添加 scoped 属性能够确保在单文件组件中定义的 CSS 样式仅应用于该组件。

8.3.2　导入与导出语句

import 与 export 是 ES6 中的两个重要命令，import 用于导入依赖，export（或 export default）用于导出常量、变量、函数、文件、模块等依赖。组件需要导出才能被其他文件使用，其他文件使用前还需要根据组件的导出情况进行导入。

1．导入语句

（1）导入第三方插件

```
import Vue from 'vue';
import echarts from 'echarts';
import ElementUI from 'element-ui';
```

（2）导入 CSS 文件

```
import './style.css';
import 'iview/dist/styles/iview.css';
```

如果 CSS 文件在.vue 文件中，则需要放在<style>标签里，格式如下。

```
<style>
    @ import './style.css';
</style>
```

（3）导入组件

```
import App from './App.vue';
import ComCount from './ComCount.vue';
```

（4）导入工具类

```
//导入单个方法
import { createApp } from 'vue';
//导入两个方法
import {axiosfetch,post} from './util';
//导入成组的方法
import * as tools from './libs/tools';
```

2．导出语句

导出语句有 export 和 export default 两种，在一个文件（如 js 文件）或模块中，export、import 可以有多个，但 export default 只能有一个。通过 export 方式导出的内容，在导入时需要加花括号，一次可以导入多个。使用 export default 导出的内容在导入时不需要加花括号，但一次只能导入一个，导入时可以使用任意名字接收对象。

（1）export 导出

以下代码的功能是在 tmp.js 文件中导出常量 str 和函数 myfun()。

```
export const str = "Hello world!";
export function myfun(a,b) {
    return a+b;
};
```

对应的导入常量 str 和函数 myfun()的代码如下。

```
import { str, myfun as add}from 'tmp';
```

这里一次导入了两个内容，且使用 as 对函数进行了重命名，也可以一个一个分开导入。
（2）export default 导出
以下代码的功能是在 tmp.js 文件中导出对象 obj。

```
var obj ={ name:'example'};
export default obj;
```

以下代码的功能是导入对象 obj，并将其命名为 newObj。

```
import newObj from 'tmp';
```

导入后即可在文件中通过 newObj 访问对象，例如访问对象属性的代码为 newObj.name。

8.3.3　CLI 项目结构分析

创建完毕的 CLI 项目如图 8-14 所示，接下来简单分析项目的结构。

图 8-14　Vue 项目结构及配置文件

1. 首页 index.html 文件

该文件中定义了一个 id 为 app 的 Vue 挂载标签<div>，代码如下。

```
<body>
  <noscript>
    <strong>出错提示信息</strong>
  </noscript>
```

```
    <!--挂载标签定义 -->
    <div id="app"></div>
</body>
```

2. main.js 文件

该文件是连接 index.html 文件与单文件组件 App.vue 的桥梁，导入 Vue 和单文件组件 App，生成根实例，在根实例中调用 render 渲染函数将 App 组件渲染到 index.html 文件中 id 属性值为 app 的<div>标签中，代码如下。

```
// 导入 Vue 和 App 单文件组件
import Vue from 'vue';
import App from './App.vue';

//关闭生成模式提示
Vue.config.productionTip = false;

//创建根实例，并调用 mount()钩子函数将 App 组件挂载到 id 为 app 的选择器选择的元素
new Vue({
  render: h => h(App),
}).$mount('#app');
```

3. App.vue 文件

该文件是项目的根组件（也叫主组件），其他组件都会在 App.vue 下进行切换，组件的公共样式、动画等也在这里进行定义。App.vue 文件代码如下。

```
<template>
    <div id="app">
        <img alt="Vue logo" src="./assets/logo.png">
        <!-- 使用 HelloWorld 组件 -->
        <HelloWorld msg="Welcome to Your Vue.js App" />
    </div>
</template>

<script>
    // 导入 HelloWorld 组件
    import HelloWorld from './components/HelloWorld.vue';

    // 默认导出 HelloWorld 组件
    export default {
        name: 'app',
        components: {
            HelloWorld
        }
    };
</script>

<style>
    /* 定义 index.html 页面 div 标签的样式 */
    #app {
        font-family: 'Avenir', Helvetica, Arial, sans-serif;
        -webkit-font-smoothing: antialiased;
        -moz-osx-font-smoothing: grayscale;
        text-align: center;
```

```
        color: #2c3e50;
        margin-top: 60px;
    }
</style>
```

4. package.json 文件

该文件定义项目的配置信息，包括 name、version 基本信息、scripts 配置服务信息、dependencies 依赖信息和 devDependencies 开发依赖信息。系统默认会生成一些配置信息，用户也可以添加，在安装插件的时候系统也会自动添加，如添加路由组件后系统就会自动添加路由的依赖信息，添加后的代码如下。

```
"dependencies": {
  "core-js": "^2.6.5",
  "vue": "^2.6.10"
}
```

5. babel.config.js 文件

根据需要定义项目的全局信息，如进行模块导出等。

 【任务实现】

1. 任务设计

1）创建项目及相关文件。

2）编码实现项目功能。

2. 任务实施

1）任选一种创建方式创建项目，创建完成后在组件文件夹 components 下新建单文件组件 ComCount.vue，参考例 8-1 编写代码，并在组件定义语句之后添加导出语句如下。

```
export default ComCount
```

2）修改代码 App.vue 文件代码如下。

```
<script setup>
    // 导入 ComCount 组件
    import ComCount from './components/ComCount.vue';
    // 默认导出 App 组件
    export default {
        name: 'app',
        components: {
            ComCount
        }
    };
</script>
<template>
    <div id="app">
        <img alt="Vue logo" src="./assets/logo.png" />
        <!--使用 ComCount 组件 -->
        <p>计分器组件<ComCount></ComCount></p>
    </div>
</template>
```

```
<style>
    /* 定义 index.html 页面 div 标签的样式 */
    #app {
        /* 代码参见默认，略 */
    }

    /* 设置图片样式 */
    img {
        width: 60px;
        height: 60px;
    }
</style>
```

任务 8.4 开发用户管理 CLI 项目

使用路由插件创建一个管理用户信息的 CLI 项目，项目运行结果如图 8-15 所示，可以在"登录"和"注册"选项之间自由切换。图 8-15a、图 8-15b 分别为登录页面和注册页面。

a)

b)

图 8-15 用户管理 CLI 项目

8.4.1 CLI 插件

Vue CLI 使用基于插件的架构，使用插件为应用开发提供了灵活性和可扩展。创建 CLI 项目时会自动添加一些插件，在 package.json 文件的 devDependencies 选项中，@vue/cli开头的一些配置信息就是关于插件的配置。

```
"devDependencies": {
  "@vue/cli-plugin-babel": "^3.8.0",
  "@vue/cli-service": "^3.8.0",
  "vue-template-compiler": "^2.6.10"
}
```

8.4.2 安装插件

插件在使用前需要安装，安装命令为 vue add 或 npm install，例如安装路由插件的命令如下。

```
vue add router
```

在待安装路由插件的项目路径输入命令行命令"vue add router"开始安装路由，项目路径可以通过 Git-Bash 或在 HBuilderX 环境下，在项目上右击后选择"使用命令行窗口打开所在目录（U）"菜单项打开。路由插件安装成功会给出提示信息，如图 8-16a 所示，并且在项目中自动增加路由插件配置的相关信息，如图 8-6b 所示，项目运行后会自动增加 Home 和 About 的导航，如图 8-16c 所示。

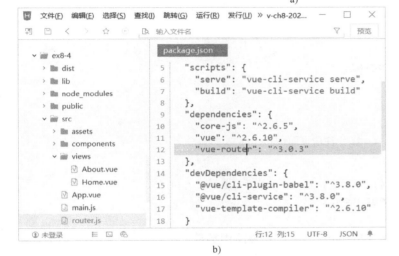

图 8-16　安装路由插件

 路由插件 router 需要启动 CLI 项目的服务才能安装。

 【任务实现】

1．任务设计

1）创建包含路由的项目，或创建普通项目，再安装路由插件。

2）编码实现项目功能。

2．任务实施

1）本书使用 HBuilderX 3.4.7 项目模板"vue 项目（2.6.10）vue-cli 默认项目（仅包含 babel）"创建项目。

2）在视图文件夹 views 下新建单文件组件 Login 和 Register，并添加自定义组件导出语句，代码如下。

Login.vue 代码如下。

```
<template>
    <div>
        <p><span>用户名：</span><input type="text" v-model="username"></p>
        <p><span>密码：</span><input type="text" v-model="password"></p>
        <p><button @click="subclick">登录</button></p>
        {{msg}}
    </div>
</template>
<script>
    var Login = {
        data() {
            return {
                username: '',
                password: '',
                msg: ''
            }
        }
    };
    export default Login;
</script>
```

Register.vue 代码如下。

```
<template>
    <p style="color: red;">注册页面</p>
</template>
<script>
    var Register = {};
    export default Register;
</script>
```

3）在项目所在路径运行"vue add router"命令安装路由插件。

4）设计运行主界面，修改主组件文件 App.vue 的代码如下。

```
<template>
    <div id="app">
        <div id="nav">
            <router-link to="/">登录</router-link> |
            <router-link to="/register">注册</router-link>
        </div>
        <router-view />
    </div>
</template>
```

5）修改路由文件 router.js，定义路由规则的代码如下。

```
import Vue from 'vue';
import Router from 'vue-router';
import Login from './views/Login.vue';
import Register from './views/Register.vue';
// 安装路由插件
Vue.use(Router);
```

```
export default new Router({
    // 定义路由规则
    routes: [
        {path: '/',component: Login },
        {path: '/register',component: Register}
    ]
});
```

模块小结

　　本模块介绍搭建 Vue 脚手架项目的方法，从脚手架项目的特点开始，介绍了安装必备和搭建与调试步骤，分析了脚手架项目的结构，对前面工作任务中已经实现的用户管理项目用脚手架进行了重构，更有利于深刻理解脚手架项目的结构与用法。工作任务按照知识点认知规律设计，层层递进，到最后的用户管理项目实战自然而然过渡到脚手架项目，工作任务与知识点思维导图如图 8-17 所示。

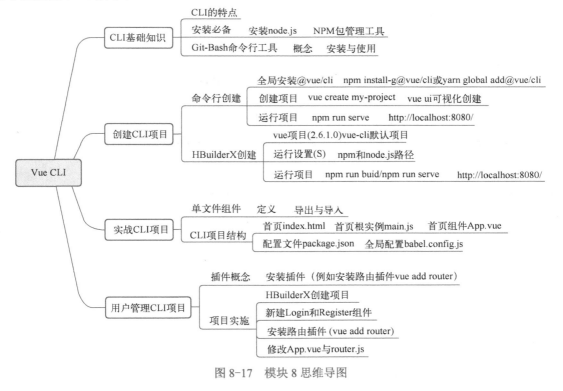

图 8-17　模块 8 思维导图

习题 8

　　1. 简述脚手架项目的搭建过程。
　　2. 简述单文件组件的用法。

3. 简述包管理工具 npm 的作用。

4. 简述 CLI 项目的 src 目录中各文件夹和文件的作用。

5. 简述 CLI 路由项目的开发过程。

6. 通过给样式标签添加_____属性能够确保在单文件组件中定义的 CSS 样式仅应用于该组件。

7. 以下关于单页面应用的优点，哪个描述正确？（   ）

    A. 不利于 SEO

    B. 初次加载耗时相对增多

    C. 导航不可用，如果一定要导航需要自行实现前进、后退

    D. 具有桌面应用的即时性、网站的可移植性和可访问性

8. 以下关于 Vue 特性的说法，哪个是正确的?（   ）

    A. 低耦合性   B. 可重用性   C. 独立开发   D. 以上均不对

9. 以下关于单文件组件的说法，以下哪个是错误的？（   ）

    A. 单文件组件定义后需要导出才能使用

    B. 单文件组件支持样式属性

    C. 单文件组件使用时需要导入，不需要注册

    D. 单文件组件不支持脚本代码

10. 以下哪个不是 CLI 项目的特点？（   ）

    A. 支持 Babel、TypeScript、ESLint 和 End-to-end 测试

    B. 插件支持使其易于扩展

    C. 需要 Eject，通过 Eject 保持项目长期更新

    D. 是一种即刻创建原型，使用单个 Vue 文件也可以实现功能

实训 8

完善工作任务 8.4，参考实训 6 设计用户注册组件。

学习目标

知识目标

1）掌握 Vuex 插件的用法。

2）掌握 Axios 插件的用法。

3）开发天气服务 CLI 项目。

能力目标

1）具备使用 Vuex 插件管理数据的能力。

2）具备使用 Axios 插件请求网络数据的能力。

3）具备项目测试的能力。

4）具备使用插件的能力。

素质目标

1）具有使用插件开发实用 CLI 项目的素质。

2）具有团队协作精神。

3）具有良好的软件编码规范素养。

4）具有遵循软件项目开发流程的职业素养。

任务 9.1　了解 Vuex 基础知识

9.1.1　Vuex 概述

Vue 是一种基于组件的开发框架，组件之间数据相互独立，需要通过特定的机制进行数据传递，本书模块 6 介绍了父组件和子组件之间的数据传递，除此而外，同级组件之间也需要进行数据传递，由模块 6 介绍可知，组件之间的数据传递操作是比较复杂的。

Vuex 是一个专为 Vue.js 应用程序开发的状态管理模式，它采用集中式存储管理应用中所有组件的状态，将组件的共享状态抽取出来，以一个全局单例模式进行管理，并通过强制规则维持视图和状态间的独立性，任何组件都能获取状态或者触发行为，保证了组件状态以一种可预测的方式发生变化，代码变得更加结构化和易于维护，在开发大型项目中非常有用。

Vuex 已集成到 Vue 的官方调试工具 devtools 中，提供了诸如零配置的 time-travel 调试、状态快照导入导出等高级调试功能。

Vuex 需要导入才能使用，通过网址https://unpkg.com/vuex 总是可以下载到最新版本，本书使用 3.0版本，可以通过含版本号的网址 https://unpkg.com/vuex@3.0.0 进行下载，下载后通过全局标签<script>在 Vue 之后导入 vuex.js 即可使用 Vuex。导入代码如下。

```
<script src="vuex.js"></script>
```

9.1.2 Store 构造器

Vuex 应用的核心是 store（仓库），store 是一个容器，包含了应用中大部分的状态（state）。与单纯的全局对象不同，Vuex 的状态存储是响应式的，store 中的状态发生变化时，Vue 组件也会相应地更新。但是，不能直接改变 store 中的状态，需要使用 Mutation 机制（9.2.3 节介绍）将修改提交给应用，以确保应用能够跟踪每一个状态的变化，从而实现使用工具更好地了解应用的目标。

Vuex 使用单一状态树，每个应用仅包含一个 store 实例。用一个对象包含全部的应用层级状态，使得应用能够直接定位任一特定的状态片段，在调试的过程中能够轻易获取整个当前应用状态的快照。

store 创建的语法格式如下。

```
const store = new Vuex.Store({
  state: {
    count: 0
  }
  //其他选项
})
```

创建完毕就可以使用 store.state 来获取状态对象，想要使用 store 存储的状态，就必须在 Vue 实例中注册 store，通过 store 选项进行注册，注册前面创建的 store 的代码如下。

```
store: store
```

在 ES6 语法中，用在对象某个属性的 key 和被传入的变量同名时可以省略，上面的注册代码也可以简写如下。

```
store
```

任务 9.2　学习 Store 构造器的选项

掌握 Store 构造器的 state、getters、mutations、actions 选项的用法。

9.2.1 状态管理

1. state 选项简介

Vuex 的 state 选项用于存放数据，存放的数据和 Vue 实例中 data 选项存放的数据遵循相同的规则。通过 Vue 的插件系统，Vuex 将 store 实例从根组件中"注入"到所有的子组件里，根组件和子组件都能通过 this.$store 访问 store，并进一步通过 store 访问 state 中存放的数据。

【例 9-1】 编写代码演示获取 Vuex 数据的简单用法。

```
<div id="app">
    <!--访问 store 存储的数据-->
    {{ this.$store.state.count }}
</div>
<script>
    const store = new Vuex.Store({
        state: {
```

```
            count: 0
        }
    });
    var vm = new Vue({
        el: '#app',
        //注册 store
        store
    });
</script>
```

由于 Vuex 的状态存储是响应式的，一般在 Vue 根实例中通过计算属性返回 state 的状态进行使用。

【例 9-2】　修改例 9-1，用计算属性返回 Vuex 数据。

```
<div id="app">
    <!--通过计算属性访问 store 存储的数据-->
    {{ count }}
</div>
<script>
    const store = new Vuex.Store({
        state: {
            count: 0
        }
    });
    var vm = new Vue({
        el: '#app',
        store,
        //将 store 存储的数据映射为计算属性
        computed: {
            count() {
                return this.$store.state.count
            }
        }
    });
</script>
```

2．mapState()辅助函数

当组件需要获取多个状态时，将状态全部声明为计算属性将会造成重复和冗余，可以使用 mapState()辅助函数将计算属性进行映射。

【例 9-3】　修改例 9-2，用 mapState()辅助函数生成计算属性返回 Vuex 数据。

修改 Vue 根实例计算属性的代码如下。

```
computed: Vuex.mapState({
    count: state => state.count
})
```

如果映射后的名称与 state 状态的名称相同，可以给 mapState 简单传一个字符串进行映射，也可以传一个字符串数组一次映射多个状态数据。例 9-3 有关计算属性映射的代码可以简写如下。

```
computed: Vuex.mapState([
    'count'
])
```

9.2.2 Getter

1. getters 选项简介

Getter 能够从 store 的 state 派生出一些状态，类似于 Vue 的计算属性，可以看作是 Store 的计算属性，当其依赖的值发生改变时会被重新计算返回。在 Store 构造器中使用 getters 选项定义 Getter，getters 选项的属性会把 state 作为其第一个参数，可以有多个参数。

【例 9-4】 编写代码，使用 getters 选项将植物中的花卉筛选出来并列表显示，程序运行结果如图 9-1 所示。

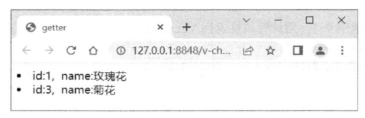

图 9-1　getters 选项

```
<div id="app">
    <!--遍历 getters 选项筛选出的数据-->
    <li v-for="item in this.$store.getters.flower">
        id:{{item.id}},name:{{item.text}}
    </li>
</div>
<script>
    const store = new Vuex.Store({
        state: {
            plant: [
                {id: 1,text: '玫瑰花',flag: true},
                {id: 2,text: '苹果',flag: false},
                {id: 3,text: '菊花',flag: true}
            ]
        },
        getters: {
            // 使用箭头函数筛选出花卉
            flower: state => {
                return state.plant.filter(plant => plant.flag)
            }
        }
    });
    var vm = new Vue({
        el: '#app',
        store
    });
</script>
```

2. mapGetters()辅助函数

使用 mapGetters()辅助函数能够将 store 中的 getters 选项的属性映射到局部计算属性，从而简化使用，还可以为 getters 选项的属性起别名。

【例 9-5】 用 mapGetters()辅助函数修改例 9-4，实现同样的效果。

1）修改页面代码如下。

```
<!--遍历计算属性的数据-->
<li v-for="item in flower">
    id:{{item.id}},name:{{item.text}}
</li>
```

2）在 Vue 实例中增加映射代码如下。

```
var vm = new Vue({
    el: '#app',
    store,
    //将 getters 选项映射为计算属性
    computed: Vuex.mapGetters([
        'flower'
    ])
});
```

9.2.3　Mutation

1. mutations 选项简介

9-1
mutations
选项

　　Vuex 通过提交 Mutation 修改 store 中的状态。Mutation 类似于事件，每个 Mutation 都包含一个字符串的事件类型（type）和一个回调函数（handler），在回调函数中进行状态的更改。回调函数的第一个参数为 state，接收 state 选项。回调函数不能直接调用，需要像事件一样进行注册，通过调用 commit()方法进行注册。在构造器中使用 mutations 选项定义 Mutation，Mutation 是同步事务。

　　【例 9-6】　完善例 9-3，增加一个按钮，单击时使 Vuex 中的状态数据 count 加 1。

```
<div id="app">
    <button @click="click">增加计数</button>
    {{ count }}
</div>
<script>
    const store = new Vuex.Store({
        state: {
            count: 0
        },
        mutations: {
            increment(state) {
                //变更状态
                state.count++
            }
        }
    });
    var vm = new Vue({
        el: '#app',
        store,
        computed: Vuex.mapState([
            'count'
        ]),
        methods: {
            click() {
                //注册 mutations 回调函数
```

```
                store.commit('increment')
            }
        }
    });
</script>
```

2. 给 Mutation 包含载荷

通过向 store.commit()方法传入额外的参数可以为 Mutation 包含载荷。

【例 9-7】 修改例 9-6，使每次单击按钮时，Vuex 中的状态数据 count 增加用户指定的值。

```
<div id="app">
    指定增加量：<input v-model="step">
    <button @click="click">增加计数</button>
    {{ count }}
</div>
<script>
    const store = new Vuex.Store({
        state: {
            count: 0
        },
        mutations: {
            //增加载荷 n
            increment(state,n) {
                //变更状态
                state.count+=parseInt(n)
            }
        }
    });
    var vm = new Vue({
        el: '#app',
        data:{
            step:1
        },
        store,
        // 将 state 数据映射为计算属性
        computed: Vuex.mapState([
            'count'
        ]),
        methods: {
            click() {
                //注册 mutations 回调函数
                store.commit('increment',this.step)
            }
        }
    });
</script>
```

9.2.4 Action

1. actions 选项简介

Action 类似于 Mutation，但是，Action 可以包含异步操作。此外，Action 用于提交 Mutation，并不直接变更 State 中的状态，在 Store 构造器中使用 actions 选项定义 Action。actions 选项中的方法接收一个与 store 实例具有相同方法和属性的 context 对象，因此可以调用 context.commit()提交 Mutation。在 Vue 实例中通过 store.dispatch()方法分发 actions 选项中定义的方法。

【例 9-8】　用 Action 重新实现例 9-6。

```
<div id="app">
    <button @click="click">增加计数</button>
    {{ count }}
</div>
<script>
    const store = new Vuex.Store({
        state: {
            count: 0
        },
        mutations: {
            Mincrement(state) {
                //变更状态
                state.count++
            }
        },
        actions: {
            Aincrement(context) {
                //提交 Mutation
                context.commit('Mincrement')
            }
        }
    });
    var vm = new Vue({
        el: '#app',
        store,
        computed: Vuex.mapState([
            'count'
        ]),
        methods: {
            click() {
                //分发 Action
                store.dispatch('Aincrement')
            }
        }
    });
</script>
```

例 9-8 的代码比例 9-6 的代码复杂，但是，Action 可以执行异步操作。

【例 9-9】　修改例 9-8，用 Action 异步操作实现例 9-6，用户单击按钮后，延迟 1s 再进行计数增加。

修改 actions 选项代码如下。

```
actions: {
    Aincrement(context) {
        //模拟异步提交 Mutation
        setTimeout(() => {
            context.commit('Mincrement')
        }, 1000);
    }
}
```

2. mapActions()辅助函数

与 mapGetters()辅助函数一样，mapActions()辅助函数能够将组件的 methods 映射为 store.dispatch 调用，详见"任务 9.5　开发天气预报 CLI 项目"的实现。

任务 9.3　使用模块定义 Vuex

9.3.1　modules 选项

如果把应用的所有状态都集中到一个 Store 对象中，当应用变得复杂时，Store 对象就会显得很臃肿，实际开发中往往把应用状态分割到若干模块（Module）中，用模块进行状态管理。每个模块都是一个 Store 对象，可以包含 state、mutations、actions、getters 等选项，方便应用的管理。模块与 Store 对象的关系类似于组件与 Vue 实例的关系，在模块中 state 选项也需要用函数进行定义。模块定义好以后通过 modules 选项注册到 Store 对象中。

【例 9-10】 定义两个模块，通过 modules 选项添加到 store 中，在页面中访问模块中的数据，程序运行结果如图 9-2 所示。

9-2
modules 选项

图 9-2　modules 选项

```
<div id="app">
    <p>模块 a 的名字：{{ this.$store.state.a.name }}</p>
    <p>模块 b 的名字：{{ this.$store.state.b.name }}</p>
</div>
<script>
    const moduleA = {
        state: () => ({
            name: 'A 模块'
        })
    };
    const moduleB = {
        state: () => ({
            name: 'B 模块'
        })
    };
    const store = new Vuex.Store({
        modules: {
            a: moduleA,
            b: moduleB
        }
    });
    var vm = new Vue({
        el: '#app',
        store
```

```
        });
    </script>
```

对于模块内部的 Mutation 和 Getter，接收的第一个参数是模块的局部状态对象。

【例 9-11】　修改例 9-6，用模块的方式实现同样的程序功能。

```
<div id="app">
    <button @click="click">增加计数</button>
    {{count}}
</div>
<script>
    const moduleA = {
        state: () => ({
            count: 0
        }),
        mutations: {
            increment(state) {
                //变更状态
                state.count++
            }
        }
    };
    const store = new Vuex.Store({
        modules: {
            a: moduleA
        }
    });
    var vm = new Vue({
        el: '#app',
        store,
        computed: Vuex.mapState({
            //分模块的数据需要加上模块名（a）访问
            count: state => state.a.count
        }),
        methods: {
            click() {
                //注册 mutations 回调函数
                store.commit('increment')
            }
        }
    });
</script>
```

9.3.2　动态注册模块

在 store 创建之后，还可以使用 store.registerModule()方法动态注册模块，方法中第一个参数为注册后的模块名字，第二个参数为模块对象。

【例 9-12】　修改例 9-11，用动态注册的方式注册模块。

修改 store 定义代码如下。

```
// 定义 store
const store = new Vuex.Store()
// 动态注册模块
store.registerModule(
    'a', moduleA
);
```

任务 9.4   掌握 Axios 的用法

9.4.1　Axios 概述

Vue.js 2.0 版本推荐使用 Axios 来完成 ajax 请求，Axios 是一个基于 Promise 的 HTTP 库，可以用在浏览器和 node.js 中。

与 Vuex 一样，Axios 需要导入才能使用，通过网址 https://github.com/axios/axios 下载后，通过全局<script>标签在 Vue 之后导入即可使用。导入代码如下。

```
<script src="js/axios.min.js"></script>
```

Axios 发起一个 get 请求的基本程序结构如下。

```
//发起请求
axios.get('URL 地址')
  .then(function (response) {
    // 处理成功情况
    console.log(response);
  })
  .catch(function (error) {
    // 处理错误情况
    console.log(error);
  })
  .then(function () {
    // 总是会执行
  });
```

如果是 post 请求，需要把 get()方法替换成 post()方法，其余不变。

```
axios.post('url').then().catch().then();
```

【例 9-13】　通过 get 请求访问"菜鸟教程"的数据并显示，程序运行结果如图 9-3 所示。

图 9-3　get 请求

```
<div id="app">
    <button @click="click">查询</button>
    <p>{{info}}</p>
</div>
<script type="text/javascript">
    new Vue({
        el: '#app',
        data: {
            info: null
```

```
    },
    methods: {
        click() {
            axios.get('https://www.runoob.com/try/ajax/json_demo.json')
                .then(response => (this.info = response.data))
                .catch(error => console.log(error));
        }
    }
});
</script>
```

【例 9-14】　通过 post 请求访问"菜鸟教程"的数据并显示，程序运行结果如图 9-4 所示。

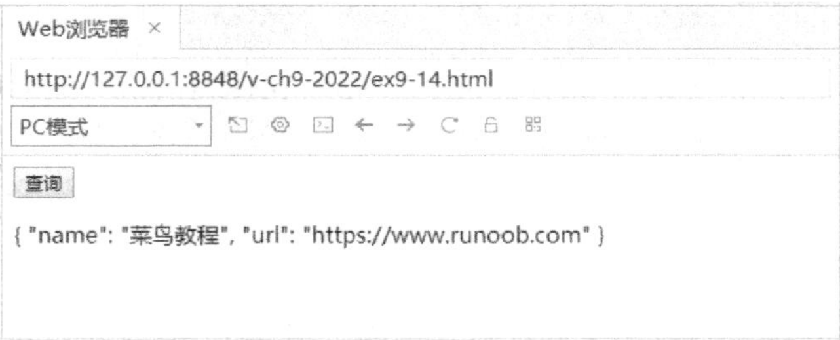

图 9-4　post 请求

界面设计同例 9-13，修改按钮单击事件代码如下。

```
axios.post('https://www.runoob.com/try/ajax/demo_axios_post.php');
```

"菜鸟教程"提供的数据仅用于测试，因此程序只能在内置模拟浏览器中运行，不能在真实浏览器中运行。

9.4.2　参数传递

1. get 请求参数传递

get 请求用问号（?）分隔 URL 路径和参数，多个参数用与运算符（&）进行连接，以"键值对"的方式进行参数传递。

【例 9-15】　编写程序请求天气服务数据并显示，程序运行结果如图 9-5 所示。

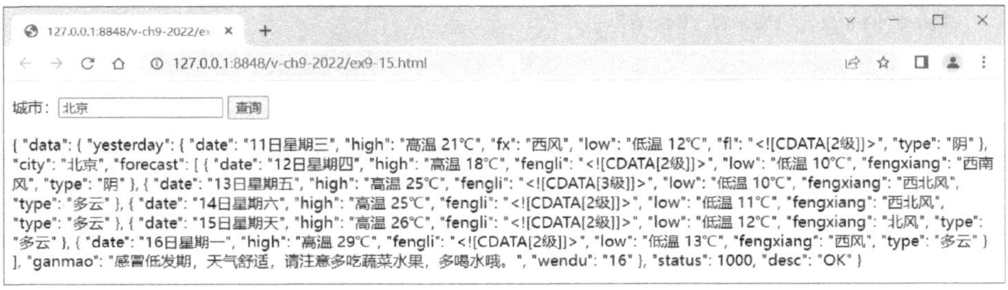

图 9-5　带参 get 请求

```
<div id="app">
    <p>城市：<input v-model="city">
        <button @click="click">查询</button>
    </p>
    <p>{{info}}</p>
```

```
    </div>
    <script type="text/javascript">
        new Vue({
            el: '#app',
            data() {
                return {
                    info: null,
                    city: '北京'
                }
            },
            methods: {
                click() {
                    axios.get('http://wthrcdn.etouch.cn/weather_mini?city='
                        + this.city)
                        .then(response => (this.info = response.data))
                        .catch(error => console.log(error));
                }
            }
        });
    </script>
```

也可以通过 params 使用对象参数进行参数传递，例 9-15 改用 params 参数传递的按钮单击事件代码修改如下。

```
click() {
    axios.get('http://wthrcdn.etouch.cn/weather_mini', {
            params: {
                city: this.city
            }
        })
        .then(response => (this.info = response.data))
        .catch(error => console.log(error));
}
```

2. post 请求参数传递

post 请求用对象进行参数传递。以下代码向网址"/user"发起一个 post 请求，并传递一个对象参数。

```
axios.post('/user', {
    firstName: 'Fred',
    lastName: 'Flintstone'
  })
  .then(function (response) {
    console.log(response);
  })
  .catch(function (error) {
    console.log(error);
  });
```

9-3
天气服务

任务 9.5　开发天气预报 CLI 项目

使用 CLI 创建一个天气服务项目，根据输入的城市名输出指定城市未来一周的天气情况，程序运行结果如图 9-6 所示。

图 9-6　天气查询

9.5.1　项目创建

（1）创建项目

选择"文件"→"新建"→"项目"菜单项，选择"vue 项目（2.6.10）vue-cli 默认项目（仅包含 babel）"，输入项目名称"weather"，单击"创建"按钮创建项目。

（2）安装插件

在"weather"项上右击，选择"使用命令行窗口打开所在目录(U)"菜单项打开，打开项目所在路径命令行窗口，输入"vue add vuex"命令开始安装状态管理插件，安装完成输入"vue add axios"命令开始安装 Ajax 访问插件。

（3）创建项目目录结构和文件

参考图 9-7 依次创建项目文件夹 store 和 modules，将默认生成的 store.js 文件移动到 store 文件夹下。将自动生成的 plugins 文件夹整个移动到 src 文件夹下。在 modules 文件夹下添加 moduleA.js 文件，在 components 文件夹下添加 Day.vue 文件。

图 9-7　项目结构

这一步操作中有关文件夹的创建和移动并不是必需的，但是针对较为大型的项目这样的操作能够使项目结构更为清晰，本项目的训练目的是尝试搭建一个 CLI 项目，因此，采用了模拟大型项目的项目结构创建方式。

9.5.2 项目实施

1. main.js 文件

因为在项目创建中对项目结构进行了一定的改动，因此需要修改 main.js 文件中自动生成的关于 Vuex 和 Axios 插件导入的路径，修改后的代码如下。

```
import Vue from 'vue';
import axios from './plugins/axios';
import App from './App.vue';
import store from './store/store';

Vue.config.productionTip = false;

new Vue({
    store,
    render: h => h(App)
}).$mount('#app');
```

2. App.vue 文件

修改项目入口组件，将天气组件嵌套进项目入口组件中，修改后的代码如下。

```
<template>
    <Day></Day>
</template>
<script>
    //导入天气组件
    import Day from './components/Day.vue';

    export default {
        name: 'app',
        components: {
            Day
        }
    };
</script>
```

3. Day.vue 文件

设计天气组件，实现天气查询功能，代码如下。

```
<template>
    <div>
        <h2 style="text-align: center;">
            城市：<input v-model="city">
            <!-- 将待查询天气以参数方式传递给 store 的 actions -->
            <button @click="search(city)">查询</button>
        </h2>
```

```html
    <!-- 显示查询结果 -->
    <ul class="weather_list">
        <li v-for="item in today">
            <div class="info_type">
                <span class="iconfont">
                    {{item.type}}
                </span>
            </div>
            <div class="info_temp">
                <b>{{item.low}}</b>~
                <b>{{item.high}}</b>
            </div>
            <div class="info_date">
                <span>{{item.date}}</span>
            </div>
        </li>
    </ul>
    </div>
</template>

<script>
    // 导入映射函数
    import {
        mapGetters,
        mapState,
        mapActions
    } from 'vuex';
    // 导出组件
    export default {
        // 实现页面中待查询城市的双向数据绑定
        data() {
            return {
                city: '北京'
            }
        },
        // 映射模块 moduleA 中的 search 方法
        methods: mapActions('moduleA', ['search']),
        //映射模块 moduleA 中的 state 和 getters 数据
        computed: {
            ...mapState({
                info: state => state.moduleA.info
            }),
            ...mapGetters('moduleA', {
                today: 'today'
            })
        }
    };
</script>
<!-- 样式代码略 -->
```

4. store.js 文件

修改 store.js 文件，安装天气查询所需的 axios 插件和数据管理所需的状态管理 Vuex 插件，并注册模块 moduleA，修改后代码如下。

```
import Vue from 'vue';
import Vuex from 'vuex';
import moduleA from './modules/moduleA';
import axios from '../plugins/axios';
// 安装插件
Vue.use(Vuex);
Vue.use(axios);

export default new Vuex.Store({
    // 添加模块
    modules: {
        moduleA
    }
});
```

5．moduleA.js 文件

书写 moduleA.js 文件，进行数据获取与处理，代码如下。

```
export default {
    // 使用名字空间
    namespaced: true,
    // 定义天气数据
    state: {
        info: null
    },
    // 定义处理数据的方法，在方法中使用 Axios 查询天气数据
    mutations: {
        search(state, data) {
            // get 查询获取天气数据
            axios.get('http://wthrcdn.etouch.cn/weather_mini?city=' + data)
                .then(response => (state.info = response.data.data.forecast))
                .catch(error => console.log(error));
        }
    },
    // 使用 Action 提交 mutation
    actions: {
        search(context, data) {
            context.commit('search', data)
        }
    },
    // 使用 Getter 过滤 state 中的数据
    getters: {
        today: state => {
            //这里仅模拟了过滤的过程
            return state.info
        }
    }
};
```

需要说明的是，这里仅是简单数据的处理，moduleA.js 文件中的代码完全可以放到 store.js 文件中，这里之所以要放在模块文件中，由 store 调用模块，仅是为了演示 CLI 项目的结构。

9.5.3　项目测试与运行

在 weather 项目上右击，选择"外部命令"→"npm run build"菜单项构建项目，构建成功后，在 weather 项目上右击，选择"外部命令"→"npm run serve"菜单项启动项目服务，启动成功后在浏览器中打开项目网址查看项目运行效果。

模块小结

本模块介绍 Vue 状态管理与网络请求插件。状态管理能够简化组件之间的数据传递，介绍了数据的同步、异步，以及分模块管理方法。基于状态管理技术，使用网络通信插件 Axios 实现了一个简单通用的天气服务脚手架项目，进一步升华了脚手架项目的开发，拓展了 Vue 的应用，工作任务与知识点思维导图如图 9-8 所示。

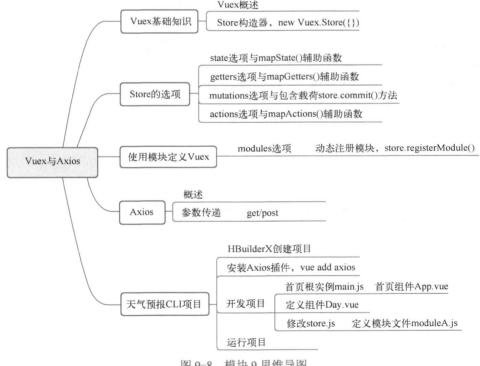

图 9-8　模块 9 思维导图

习题 9

1. 简述 Vuex 的作用与用法。
2. 简述 Vuex 数据的修改方法。
3. 简述 Mutation 选项的作用。

4. 简述 Axios 的安装步骤与用法。

5. 以下哪个不是 Vuex 的选项？（　　）

    A. Data   B. Getter   C. Mutation   D. Module

6. 以下哪个选项保存 Vuex 的数据？（　　）

    A. Getter   B. State   C. Mutation   D. Module

7. 以下关于 Vuex 的描述，哪项不正确？（　　）

    A. Vuex 通过 Vue 实现响应式状态，因此只能用于 Vue

    B. Vuex 是一个状态管理模式

    C. Vuex 主要用于多视图间状态全局共享与管理

    D. 在 Vuex 中改变状态，可以通过 mutations 和 actions 选项

8. 以下哪个选项可以写异步方法？（　　）

    A. getters   B. mutations   C. actions   D. 以上都不对

9. 以下哪个选项可以过滤数据？（　　）

    A. getters   B. mutations   C. actions   D. 以上都不对

10. 以下关于 Axios 的描述，哪个不正确？（　　）

    A. Axios 是一个基于 Promise 的 HTTP 库，能够完成 Ajax 请求

    B. Axios 可以实现 get 和 post 请求

    C. Axios 可以全局引用使用，也可以导入使用

    D. get 请求不能传递对象参数

实训 9

完善任务 9.5，对天气数据进行过滤，并增加路由功能，可以根据需要选择显示一周天气概况或一天天气详情。

学习目标

知识目标

1）掌握 element-ui 的用法。
2）掌握分析应用需求的方法。
3）掌握开发 Vue 应用程序的方法。
4）掌握测试软件项目的方法。
5）掌握书写软件项目文档的方法。

能力目标

1）具备使用 element-ui 开发 Vue 应用程序的能力。
2）具备分析应用需求、开发、测试与交付应用程序的能力。
3）具备阅读与书写软件开发文档的能力。
4）具备自学、团队协作与项目管理能力。

素质目标

1）具有使用 element-ui 开发实用 CLI 项目的素质。
2）具有网站规划、建设、测试与交付的素质。
3）具有团队协作精神、良好的软件编码素养，以及规范的软件开发流程素养。

任务 10.1 掌握 element-ui 的用法

10.1.1 element-ui 概述

element-ui 是一套为开发者、设计师和产品经理准备的基于 Vue 2.0 的组件库，提供了配套设计资源，能够帮助网站快速成型。它具有以下几方面特性。

（1）一致性（Consistency）

● 与现实生活一致：与现实生活的流程、逻辑保持一致，遵循用户习惯的语言和概念。
● 在界面中一致：所有的元素和结构须保持一致，比如设计样式、图标和文本、元素的位置等。

（2）反馈（Feedback）

● 控制反馈：通过界面样式和交互动效让用户可以清晰地感知自己的操作。
● 页面反馈：操作后，通过页面元素的变化清晰地展现当前状态。

（3）效率（Efficiency）

● 简化流程：设计简洁、直观的操作流程。

- 清晰明确：语言表达清晰且表意明确，让用户快速理解进而做出决策。
- 帮助用户识别：界面简单直白，让用户快速识别而非回忆，减少用户记忆负担。

（4）可控（Controllability）

- 用户决策：根据场景可给予用户操作建议或安全提示，但不能代替用户进行决策。
- 结果可控：用户可以自由地进行操作，包括撤销、回退和终止当前操作等。

10.1.2 使用 element-ui

如果使用打包工具，推荐通过 npm install element-ui@next 指令安装 element-ui 包，安装后导入 element-ui，并安装需要的插件即可使用，导入和安装插件指令如下。

```
import Element from 'element-ui';
import 'element-ui/lib/theme-default/index.css';
Vue.use(Element);
```

如果不使用打包工具构建项目，可以通过官网下载相应压缩包，直接在 HTML 中引入相应的资源。

```
<!-- 引入样式 -->
<link rel="stylesheet"
      href="https://unpkg.com/element-ui/lib/theme-chalk/index.css">
<!-- 引入组件库 -->
<script src="https://unpkg.com/element-ui/lib/index.js"></script>
```

本项目采用第二种方式，未使用打包构建工具，直接在 HTML 中引入相应的资源。

任务 10.2 分析电子商务系统

10.2.1 项目概述

1. 背景概述

10-1
分析电子商务系统

随着互联网技术的发展，网络购物需求日益增加，已经成为人们日常生活的一种重要方式，与此对应，电子商务系统开发成为企业软件开发的一个重要方向和典型应用场景。基于此，本项目开发一个简单电子购物管理网站，满足用户购买商品的需求和商家展示及维护商品的需求。

2. 技术框架

本项目中应用到的技术及其版本如下。

- Vue.js v2.6.10。
- vue-router v3.5.2。
- element-ui 2.15.6。
- axios v0.21.1。

3．开发工具

相较于 HBuilderX，企业真实开发更多使用 Visual Studio Code（简称 VS Code）开发环境，VS Code 在可视化操作方面没有 HBuilderX 方便，但是开发效率更高。本书前面基础知识部分针对初学者，使用 HBuilderX 开发环境降低学习难度，本项目的目标是升华知识，训练读者的真实项目开发能力，因此，使用 VS Code 开发环境，使用截止到项目开发日期的最新版本 1.68.1。VS Code 使用非常简单，项目、文件创建使用资源管理器即可操作，在此不予赘述，安装、配置步骤请参阅教材配套资源。

10.2.2　项目分析

1．需求分析

系统总体需求为商品展示、用户下单购买商品及商家后台商品管理，详细描述如下。

1）系统首页展示全部商品信息，能够模糊查询商品信息和查看商品详细信息。

2）选中的商品能够加入购物车，在购物车中能够修改商品数量和删除商品，商品可以购买的数量上限在后台商品信息维护中设定。

3）系统首页具有进入购物车和商家后台导航功能。

4）商家后台能够进行商品信息管理，包括新增商品信息、修改商品信息、查询和删除商品信息。

5）后台改动商品信息后，系统购物首页能够自动同步更新。

2．业务分析

本项目是电子商务系统购物网站和后台管理结合的完整项目示例，简单起见，未涉及用户权限管理业务（读者可参阅本书前面相应知识点的任务和实例，结合真实开发需求自行开发权限管理模块），因此，业务分析同需求分析。

3．功能模块设计

基于需求分析和业务分析，将本系统设计为三个模块。

1）购物首页：包含网站导航、商品查找、商品展示、商品详情和加入购物车功能。

2）我的购物车：包含商品信息栏和商品结算栏两个功能。

3）商家后台：包含后台首页、菜单树、商品列表、商品列表分页、商品查询、商品新增和编辑功能。

系统功能模块设计如图 10-1 所示。

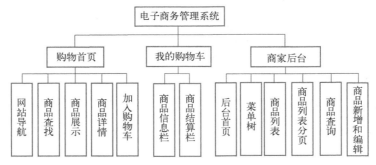

图 10-1　系统功能模块设计

10.2.3 项目创建

1. 创建项目结构

创建名称为 **VUE-SHOP** 的项目，并在资源管理器中按照图 10-2 创建项目结构文件夹。

2. 插件准备

本项目中应用到的前端框架及相关插件如图 10-3 所示。下载对应的插件，并放在 lib 文件夹下。

图 10-2　项目结构

图 10-3　项目插件

3. 开发准备

1）在项目根目录下创建项目首页文件 index.html，为了方便管理，项目所有 HTML 代码放在该文件中（后面关于 HTML 代码的设计，不再说明文件位置），在文件的 body 结束标签前引用相关的插件，以降低页面加载阻塞，引用代码如下。

```
<!--此处引入不会阻塞 element 相关加载-->
<!--引入 Vue-->
<script src="./lib/vue/vue.js"></script>
<!--引入 vue-router 路由-->
<script src="./lib/vue-router/vue-router.js"></script>
<!--引入 Axios 请求相关-->
<script src="./lib/axios/axios.js"></script>
<!--引入 element-ui-->
<script src="./lib/element-ui/index.js"></script>
<!--type="module" 可以使用 import 导入文件-->
<script type="module">
  //引入路由信息
  import router from "./router/index.js";
  //可以阻止 Vue 在启动时生成生产提示
  Vue.config.productTip = false;
```

2）创建项目 Vue 根实例

```
const vue = new Vue({
  el: "#app",
  router,
});
```

10.2.4　创建准备

1. 数据准备

本项目开发模拟真实系统的网络环境，遵循企业真实项目开发步骤，将数据全部存放在 static 文件夹中，根据数据应用场景分别存放在 cartlist.json、goodslist.json、menu.json 三个文件中，在项目开发之前请参考教材源码自行创建相关数据文件。

项目图片资源放在 image 文件夹中，在其中存放了项目涉及的全部图片资源，在项目开发之前请参考教材源码自行添加相关图片数据文件。

2. 页面样式设计准备

美观性是网站开发的一个非常重要的方面，本项目将网站样式文件存放在项目 css 文件夹下，对应每一个页面后台设计了 global.css、index.css 两个样式文件，前台设计了 product-detail.css、product-display.css、shop-cart.css、index.css 四个样式文件，在项目开发之前请参考教材源码自行创建对应样式文件。

任务 10.3　设计系统首页

电子商务系统首页运行效果如图 10-4 所示，分为导航信息栏、标题搜索栏和商品展示栏三个栏目。

10-2 电子商务系统运行效果

图 10-4　电子商务系统首页

10.3.1　设计导航信息栏

导航信息栏分为两部分，左侧为登录用户的信息，右侧为"首页""我的购物车""商家后台"的导航超链接。

1. 页面 HTML 设计

使用<router-link>标签实现不同页面之间的跳转，代码如下。

```html
<!--前台主页面-->
<template id="front-manage">
  <div>
    <header class="header">
      <!-- 头部的第一行 -->
      <div class="top">
        <div class="container">
          <div class="loginList">
            <p>欢迎您！</p>
            <p>{{userName}}</p>
          </div>
          <div class="typeList">
            <!--根据路由名称-->
            <router-link :to="{name:'productDisplay'}">首页</router-link>
            <router-link :to="{name:'shopCart'}">我的购物车</router-link>
            <!--打开新页面-->
            <router-link target="_blank" to="/backstageManage">
                                            商家后台</router-link>
          </div>
        </div>
      </div>
    </header>
    <router-view></router-view>
  </div>
</template>
```

2. 路由跳转设计

将路由跳转设计代码全部放在 router 文件夹的 index.js 文件中，相关导航代码如下。

```js
{
  name: "frontManage",
  path: "/frontManage",
  component: frontManage,
  redirect: "/productDisplay",
  meta: {
    title: "前台管理系统",
  },
  children: [
    {
      name: "shopCart",
      path: "/shopCart",
      component: shopCart,
      meta: {
        title: "我的购物车",
      },
    },
    {
      name: "productDisplay",
      path: "/productDisplay",
      component: productDisplay,
```

```
      meta: {
        title: "商品展示页面",
      },
      props(router) {
        return { ...router.query, ...router.params };
      },
    },
  ],
},
{
  name: "backstageManage",
  path: "/backstageManage",
  component: backstageManage,
  meta: {
    title: "后台管理系统",
  },
  children: [
    {
      name: "home",
      path: "/home",
      component: home,
      meta: {
        title: "首页",
      },
    },
    {
      name: "goodsList",
      path: "/goodsList",
      component: goodsList,
      meta: {
        title: "商品列表",
      },
    },
    {
      name: "goodsAdd",
      path: "/goodsAdd",
      component: goodsAdd,
      //接受路由参数，并通过 props 传到相应的组件
      props(router) {
        return { ...router.query, ...router.params };
      },
    },
  ],
},
```

10.3.2　设计标题搜索栏

标题搜索栏分为两部分，左侧为电商的店铺名称，右侧为商品信息搜索框及搜索按钮。

1. 页面 HTML 设计

店铺名称使用<router-link>标签实现首页刷新跳转，搜索按钮使用 Vue 的@click 事件机制进行 form 表单查询条件提交和模糊查询请求，返回查询的结果。

```
<div class="search">
  <h1 class="logoArea">
    <!-- router-link 组件，本身就是一个 a 标签-->
    <router-link :to="{name:'productDisplay'}" class="logo">
      <img height="100" src="./image/logo.png" alt="" />
    </router-link>
  </h1>
  <div class="searchArea">
    <form action="###" class="searchForm">
      <input
        type="text"
        id="autocomplete"
        class="input-error input-xxlarge"
        v-model="keyword"
        placeholder="请输入搜索关键词"/>
      <button
        class="sui-btn btn-xlarge btn-danger"
        type="button"
        @click="goSearch">
        搜索
      </button>
    </form>
  </div>
</div>
```

2．搜索功能实现

搜索功能代码放在 component/frontMangage/product-display.js 文件中，首先创建文件，然后编写代码如下。

```
goSearch() {
  this.newGoodsList = this.keyword
    ? this.goodsList.filter((item, index) => {
        for (let key of Object.keys(item)) {
          if (
            item["goods_introduce"].toString().indexOf(this.keyword) != -1
          ) {
            return item;
          }
        }
      })
    : this.goodsList;
}
```

10.3.3　设计商品展示栏

商品展示栏每行展示 4 个商品，每个商品的信息包括图片、描述信息、价格，以及加入购物车功能。在商品图片或者标题上单击，则显示商品详情，如图 10-5 所示，在展示的第一个商品上单击，以弹出框的方式显示商品的详细信息。这里的商品详情显示仅是为了模拟真实网站的详情显示操作功能设计的，因此显示内容与商品列表信息类似，仅是换了一种显示模式，且显示更为突出一些。

图 10-5 商品详情显示

1. 页面 HTML 设计

1）使用 v-if 指令条件语句判断商品是否存在，若存在显示商品信息，不存在提示无商品。

2）使用 v-for 指令批量循环处理商品信息。

3）商品图片动态加载，使用 v-bind 指令绑定 src 属性进行加载。

4）在"加入购物车"按钮单击事件中使用含有修饰符的@click.stop阻止单击事件冒泡。

代码设计如下。

1）判断商品是否存在的代码如下。

```html
<div v-if="newGoodsList.length" class="content">
  <div @click="openDetail(item)"
    v-for="(item,index) of newGoodsList"
    class="img-item">
    <p class="tab-pic">
      <a href="#">
        <img :src="item.goods_pic" />
      </a>
    </p>
    <div class="tab-info">
      <div class="info-title">
        <a :title="item.goods_introduce" href="#">
          【{{item.goods_name}}】{{item.goods_introduce}}
        </a>
      </div>
      <div class="info-opt">
        <span class="info-price">价格：¥{{item.goods_price}}</span>
        <span @click.stop="addToCart(item)" class="info-price-opt">
            加入购物车</span>
      </div>
    </div>
  </div>
</div>
<div v-else>
  <el-empty description="描述文字"></el-empty>
</div>
```

2）商品详情页面的代码如下。

```
<product-detail
  v-if="dialogVisible"
  @close="closeDialog"
  :item="item"
  :dialog-visible.sync="dialogVisible">
</product-detail>
```

3）商品详情组件模板代码如下。

```
<template id="product-detail">
  <el-dialog
    class="product-detail-dialog"
    :title="dialogTitle"
    :before-close="closeDialog"
    :visible.sync="dialogVisible">
    <!-- 主要内容区域 -->
    <section class="con" v-loading="loading">
      <div class="preview">
        <p><img :src="item.goods_pic" /></p>
      </div>
      <div class="product-detail-content">
        <div class="product-detail-content-title">
          {{item.goods_introduce}}
        </div>
        <div class="m-tb20">
          <el-row>
            <el-col :span="8"><span>价格</span></el-col>
            <el-col :span="16">
              <span class="f20-cred">{{item.goods_price}}
              </span>
            </el-col>
          </el-row>
        </div>
        <div class="m-tb20">
          <el-row>
            <el-col :span="8"><span>运费</span></el-col>
            <el-col :span="16"><span>广东-无锡 快递 0.0</span></el-col>
          </el-row>
        </div>
        <div class="m-tb20">
          <el-row>
            <el-col :span="8"><span>数量</span></el-col>
            <el-col :span="16">
              <el-input-number
                v-model="num"
                size="mini"
                :min="1"
                :max="item.goods_number*1"
                label="描述文字">
              </el-input-number>
            </el-col>
          </el-row>
        </div>
```

```html
        <div class="m-tb20"></div>
        <div class="m-tb20">
          <span
            @click="add(item)"
            style="font-size: 20px;
              color: #fff;
              background-color: #ff5602;
              height: 35px;
              display: inline-block;
              line-height: 35px;
              padding: 0 10px;
              border-radius: 4px;
              cursor: pointer;
              position: absolute;">
            加入购物车
          </span>
        </div>
      </div>
    </section>
  </el-dialog>
</template>
```

2. 加入购物车功能实现

加入购物车功能代码放在 component/frontMangage/product-display.js 文件中，前面已经创建了文件，直接编写代码如下。

```javascript
addToCart(item) {
  try {
    this.loading = true;
    let totalData = localStorage.getItem("cartList")
      ? JSON.parse(localStorage.getItem("cartList"))
      : [];
    let flag = false;
    for (let i = 0; i < totalData.length; i++) {
      if (totalData[i].goods_id == item.goods_id) {
        totalData[i].cart_goods_number++;
        totalData[i].cart_goods_total =
          totalData[i].cart_goods_number * totalData[i].goods_price;
        flag = true;
      }
    }
    if (!flag) {
      let cartInfor = {
        goods_id: item.goods_id,
        cart_goods_number: 1,
      };
      totalData.push(cartInfor);
    }
    localStorage.setItem("cartList", JSON.stringify(totalData));
    setTimeout(() => {
      this.loading = false;
      this.$message({
        message: "添加成功!",
```

```
      type: "success",
    });
  }, 200);
} catch (error) {}
}
```

任务 10.4 设计"我的购物车"页面

电子商务系统"我的购物车"页面的运行效果如图 10-6 所示，分为导航信息栏、商品信息栏和购物结算栏 3 个栏目，其中导航信息栏与首页公用，不再赘述。

图 10-6 "我的购物车"页面

10.4.1 设计商品信息栏

商品信息栏包括"全部商品"总标题信息、商品信息的标题，以及加入到购物车的商品信息，商品信息设计了商品选择状态复选框、商品图片、商品描述、商品单价、商品数量设置、商品小计以及操作按钮。修改商品数量时，商品数量上限受商品库存限制，不能超过库存上限（具体在后台商品新增维护模块控制），商品的小计价格根据商品单价和数量自动计算，单击商品的"删除"按钮从购物车删除指定商品。

1. 页面 HTML 设计

1）使用 v-for 指令批量循环处理商品信息。

2）使用 element-ui 的 el-input-number 组件实现商品数量修改，在组件中使用属性变量的方式根据商品库存动态设置商品最大可买数，设置的代码如下。

```
:max="Number(getProductInfor(item.goods_id,'goods_number'))"
```

3）使用插值表达式进行数据绑定，支持调用函数处理文本值。

```
<h4>全部商品</h4>
<div class="cart-main">
  <div class="cart-th">
    <div class="cart-th2">商品</div>
    <div class="cart-th3">单价（元）</div>
```

```
      <div class="cart-th4">数量</div>
      <div class="cart-th5">小计（元）</div>
      <div class="cart-th6">操作</div>
    </div>
    <div v-for="(item,index) of totalCartProduct" class="cart-body">
      <ul class="cart-list">
        <li class="cart-list-con1">
          <input
            type="checkbox"
            v-model="checkData[item.goods_id]"
            name="chk_list"/>
        </li>
        <li class="cart-list-con2">
          <img :src="getProductInfor(item.goods_id,'goods_pic')" />
          <div class="item-msg">
            【{{getProductInfor(item.goods_id,'goods_name')}}】
            {{getProductInfor(item.goods_id,'goods_introduce')}}
          </div>
        </li>
        <li class="cart-list-con4">
          <span class="price">
            {{getProductInfor(item.goods_id,'goods_price')}}
          </span>
        </li>
        <li style="width: 12.5%">
          <el-input-number
            v-model="item.cart_goods_number"
            @change="save"
            :min="1"
            :max="Number(getProductInfor(item.goods_id,'goods_number'))"
            size="mini"
            label="描述文字">
          </el-input-number>
        </li>
        <li class="cart-list-con6">
          <span class="sum">
            {{getProductInfor(item.goods_id,'goods_price')*item.cart_goods_number}}
          </span>
        </li>
        <li class="cart-list-con7">
          <el-button
            size="mini"
            @click="deleteOne(item.goods_id)"
            type="danger">
            删除
          </el-button>
        </li>
      </ul>
    </div>
  </div>
```

2. 商品信息列表功能实现

1）根据商品 id 获取商品信息的代码放在 component/frontMangage/shop-cart.js 文件中，创建

文件并编写代码如下。

```
getProductInfor(id, fieldName) {
  for (let i = 0; i < this.totalProduct.length; i++) {
    if (this.totalProduct[i].goods_id == id) {
      return this.totalProduct[i][fieldName];
    }
  }
}
```

2）删除购物车商品的代码同样放在 component/frontMangage/shop-cart.js 文件中，直接编写代码如下。

```
deleteOne(id) {
  for (let i = 0; i < this.totalCartProduct.length; i++) {
    if (id === this.totalCartProduct[i].goods_id) {
      this.totalCartProduct.splice(i, 1);
      break;
    }
  }
  localStorage.setItem("cartList", JSON.stringify(this.totalCartProduct));
}
```

10.4.2　设计购物结算栏

1. 页面 HTML 设计

1）对 disabled 属性使用绑定动态设置，确保商品选中以后才可以进行删除操作。

2）操作全部使用 element-ui 的 el-button 按钮组件。

```
<div class="cart-tool">
  <div class="select-all">
    <input class="chooseAll" @click="oncheckBox" type="checkbox" />
    <span>全选</span>
  </div>
  <div class="option">
    <el-button
      size="mini"
      @click="deleteSelectData"
      :disabled="!getDeleteStatus"
      type="danger">
      删除选中的商品
    </el-button>
  </div>
  <div class="money-box">
    <div class="chosed">
      已选择 <span>{{getSelectData}}</span>件商品
    </div>
    <div class="sumprice">
      <em>总价（不含运费）：</em>
      <i class="summoney">{{getSelectDataPrice}}</i>
    </div>
    <div class="sumbtn">
      <el-button size="mini" type="danger" @click="settlementData">结算
```

```
</el-button>
            </div>
        </div>
    </div>
```

2．购物结算功能实现

1）商品可以批量删除，删除代码放在 component/frontMangage/shop-cart.js 文件中，代码如下。

```
deleteSelectData() {
  let data = this.totalCartProduct;
  for (let item in this.checkData) {
    if (this.checkData[item]) {
      for (let i = 0; i < data.length; i++) {
        if (data[i].goods_id == item) {
          this.totalCartProduct.splice(i, 1);
        }
      }
    }
  }
  localStorage.setItem("cartList", JSON.stringify(this.totalCartProduct));
}
```

2）购物结算代码同样放在 component/frontMangage/shop-cart.js 文件中，包括商品数量和总价计算两个方法，具体如下。

```
//计算选中的商品数量
getSelectData() {
    let i = 0;
    for (let item in this.checkData) {
      if (this.checkData[item]) {
        i++;
      }
    }
    return i;
  },
//计算选中商品的总价
getSelectDataPrice() {
    let num = 0;
    for (let item in this.checkData) {
      if (this.checkData[item]) {
        for (let i = 0; i < this.totalCartProduct.length; i++) {
          if (item === this.totalCartProduct[i].goods_id) {
            num +=
              this.totalProductPrice[item] *
              this.totalCartProduct[i].cart_goods_number;
          }
        }
      }
    }
    return num;
  },
}
```

任务 10.5　设计商家后台管理模块

后台页面整体采用左右结构设计，左侧是导航菜单树，右侧是内容区域。内容区域设计了顶部导航菜单，以首页为例，运行效果如图 10-7 所示。

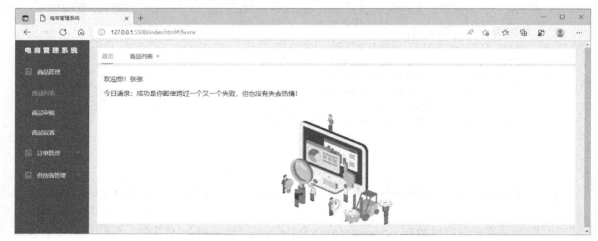

图 10-7　后台首页运行效果

10.5.1　菜单设计

左侧导航菜单树设计有两级，初始仅显示一级菜单，在一级菜单上单击后显示二级子菜单项，在二级子菜单上单击后，在右侧内容区域显示相应功能的内容页面，同时当前菜单蓝色高亮显示，表示处于选中状态。

右侧顶部导航菜单使用 el-tabs 元素进行设计。

1. 页面 HTML 设计

1）使用 element-ui 的 NavMenu 导航菜单组件设计左侧导航菜单树。

2）菜单树数据存放在本地 static/menu.json 文件中，是树形结构的数据，使用 Axios 本地数据请求技术获取数据。

3）单击二级子菜单时，使用 vue-router 路由技术切换页面内容。

```
<!--后台管理系统-->
<template id="backstageManage">
    <el-container class="home-container">
        <!-- 左侧边栏 -->
        <el-aside :width="isCollapse ? '64px' : '180px'">
            <div class="toggle-button">电商管理系统</div>
            <!-- 侧边栏菜单区 -->
            <!--添加 router 属性开启路由模式，在激活以 index 作为 path 进行路由跳转 -->
            <el-menu background-color="#333744"
                text-color="#fff" active-text-color="#409BFF"
                :collapse-transition="false" router>
                <!-- 一级菜单 -->
                <el-submenu v-for="item in menulist" :key="item.id">
```

```
                                        index="item.id + ''">
        <!--循环菜单-->
        <!-- 一级菜单的模板区域 -->
        <template slot="title">
            <i class="el-icon-tickets"></i>
            <span>{{ item.authName }}</span>
        </template>

        <!-- 二级菜单 -->
        <el-menu-item :index="'/' + itemlist.path" v-for=
            "itemlist in item.children"
            :key="itemlist.authName"
            @click.native="handleSelect(itemlist)">
            <template slot="title">
                <span>{{ itemlist.authName }}</span>
            </template>
        </el-menu-item>
    </el-submenu>
  </el-menu>
</el-aside>
<!-- 右侧内容主体区 -->
<el-main>
    <!--顶部导航-->
    <el-tabs v-model="activeTabsValue"
        @tab-click="handleClick" @tab-remove="removeTab">
        <el-tab-pane label="首页" name="home"></el-tab-pane>
        <el-tab-pane v-for="(item, index) in topNav"
            :key="item.name" :label="item.label"
            :name="item.name" closable></el-tab-pane>
    </el-tabs>
    <!-- 路由占位符 -->
    <router-view></router-view>
</el-main>
  </el-container>
  <!--列表模板文件-->
</template>
```

2. 导航功能实现

导航功能代码放在 component/backstageManage/index.js 文件中，首先创建文件，然后编写代码如下。

```
<script type="module">
  //引入路由信息
  import router from "./router/index.js";
  //可以阻止 vue 在启动时生成生产提示
  Vue.config.productTip = false;
  //创建 vue 实例
  new Vue({
    el: "#app", //el 用于指定当前 Vue 实例为哪个容器服务，通常为选择器字符
    router,
    data() {
      return {
        menulist: [],// 左侧菜单数据
      };
```

```
    },
    created() {
      //请求左侧导航菜单树的本地数据
      axios.get("/static/menu.json").then((res) => {
        this.menulist = res.data;
      });
    },
    methods: {
      //左侧菜单单击函数
      handleSelect(itemlist) {
        this.activeTabsValue = itemlist.path;
        this.$router.push(itemlist.path);
        //如果单击的菜单在顶部导航已有，则切换路由即可
        for (let item of this.topNav) {
          if (item.name == itemlist.path) {
            return;
          }
        }
        this.topNav.push({ label: itemlist.authName, name: itemlist.path });
      },
      //顶部导航菜单单击
      handleClick(tab, event) {
        this.activeTabsValue = tab.name;
        this.$router.push(tab.name);
      },
      //顶部导航菜单去除
      removeTab(name) {
        //定位去除顶部导航的位置
        let index = 0;
        for (let i = 0; i < this.topNav.length; i++) {
          if (this.topNav[i].name == name) {
            index = i;
            break;
          }
        }
        //如果当前活跃的导航为home，只需要去除循环中的数据
        if (this.activeTabsValue != "home") {
          if (this.topNav.length == 1) {
            this.topNav = [];
            this.activeTabsValue = "home";
            this.$router.push(this.activeTabsValue);
          } else {
            //如果移除的是最后一个
            if (index == this.topNav.length - 1) {
              //如果当前活跃的导航为要去除的，则页面显示倒数第二个
              if ((this.activeTabsValue = this.topNav[index].name)) {
                this.activeTabsValue = this.topNav[index - 1].name;
                this.$router.push(this.topNav[index - 1].name);
              }
            } else {
              //非最后一个
              //如果当前活跃的导航为要去除的，则页面显示前一个
              if ((this.activeTabsValue = this.topNav[index].name)) {
                this.activeTabsValue = this.topNav[index + 1].name;
```

```
        this.$router.push(this.topNav[index + 1].name);
      }
    }
    this.topNav.splice(index, 1);
  }
} else {
  this.topNav.splice(index, 1);
}
    },
  },
});
</script>
```

10.5.2　首页设计

后台首页运行效果参见图 10-7，仅显示一行欢迎信息和一张图片，实现较为简单，请参见教材源码，这里省略。

任务 10.6　设计商品管理模块

后台商品管理包括商品列表显示、商品查询、商品分页显示、商品新增、删除和维护等功能。商品列表显示首页如图 10-8 所示，列表显示所有商品的信息，具有分页和查询功能，分页显示功能在页面底部，搜索功能在商品列表顶部。搜索指定商品"作业本"的运行效果如图 10-9 所示，由底部分页计数可见仅有 3 条相关数据。单击顶部的"添加商品"按钮打开新增商品页面，如图 10-10 所示，可以输入商品信息，保存后将商品添加到本地商品数据文件中。单击商品列表操作功能的"编辑"按钮 打开编辑商品信息页面，如图 10-11 所示，会自动显示待编辑商品的信息，在页面中对需要修改的商品内容修改后单击"立即保存"按钮可以将商品数据的修改保存到指定的数据文件中。单击商品列表操作功能的"删除"按钮 弹出删除确认对话框，如图 10-12 所示，单击"确定"按钮删除指定商品数据，单击"取消"按钮返回商品列表页面。

图 10-8　商品列表显示首页

图 10-9　搜索商品页面

图 10-10　新增商品页面

图 10-11　编辑商品信息页面

图 10-12 删除指定商品

10.6.1 商品列表设计

1. 页面 HTML 设计

商品列表显示包含了商品的列表、查询、分页以及删除 4 个功能，其中商品列表信息使用 element-ui 的表格组件展示，列表数据通过 localStorage 属性存储在浏览器中。

```html
<template id="goods-list">
 <div class="goodsList" ref="goodsList">
  <el-card>
    <!-- 搜索区  采样栅格式布局-->
    <el-row :gutter="24">
      <el-col :span="18">
        <el-button type="primary" @click="goAddpage">添加商品</el-button>
      </el-col>
      <el-col :span="6">
        <el-input
          placeholder="请输入内容"
          v-model="queryInfo.query"
          clearable
          @keyup.native="getGoodsList"
          @clear="getGoodsList">
          <el-button
            slot="append"
            icon="el-icon-search"
            @click="getGoodsList">
          </el-button>
        </el-input>
      </el-col>
    </el-row>

    <!-- table 表格区域 -->
    <el-table :height="height" :data="currentPageData" stripe>
```

```html
<el-table-column type="index" label="序号" width="50">
</el-table-column>
<el-table-column prop="goods_name" label="商品名称">
</el-table-column>
<el-table-column
  prop="goods_price"
  label="商品价格(元)"
  width="120px">
</el-table-column>
<el-table-column prop="goods_cat" label="商品分类" width="200px">
</el-table-column>
<el-table-column prop="goods_introduce" label="商品描述">
</el-table-column>

<el-table-column label="操作">
  <template slot-scope="scope">
    <!-- 编辑按钮 -->
    <el-button
      type="primary"
      icon="el-icon-edit"
      size="mini"
      @click="goEditpage(scope.row)" >
    </el-button>
    <!-- 删除按钮 -->
    <el-button
      type="danger"
      icon="el-icon-delete"
      size="mini"
      @click="deleteById(scope.row.goods_id)" >
    </el-button>
  </template>
</el-table-column>
</el-table>

<!-- 分页区 -->
<el-pagination
  @size-change="handleSizeChange"
  @current-change="handleCurrentChange"
  :current-page="queryInfo.pagenum"
  :page-sizes="[5, 10, 20, 50]"
  :page-size="queryInfo.pagesize"
  layout="total, sizes, prev, pager, next, jumper"
  :total="total"
  background>
</el-pagination>
</el-card>
</div>
</template>
```

2. 商品列表功能实现

商品列表功能代码放在 backstageManage/goods-list.js 文件中，创建文件并编写代码如下。

```
const goodsList = {
  template: "#goods-list",
  data() {
    return {
      queryInfo: {
        query: "", //查询参数
        pagenum: 1, //当前页码
        pagesize: 10, //每页显示条数
      },
      goodsList: [], //商品列表
      currentPageData: [], //当前页的数据
      total: 0, //总数据条数
      height: "", //表格高度
    };
  },
  //组件创建前调用（Vue 生命周期钩子函数）
  created() {
    //获取商品信息存入 localStorage 缓存中
    axios.get("/static/goodsList.json").then((res) => {
      if (!localStorage.getItem("goodsList")) {
        localStorage.setItem("goodsList", JSON.stringify(res.data));
      }
    });
    this.getGoodsList();
  },
  //组件模板解析后生成虚拟 DOM 对象，并挂载在页面后（Vue 生命周期钩子函数）
  mounted() {
    this.height = this.$refs.goodsList.offsetHeight - 200;
  },
  methods: {
    //前端分页
    setCurrentPageData() {
      let begin = (this.queryInfo.pagenum - 1) * this.queryInfo.pagesize;
      let end = this.queryInfo.pagenum * this.queryInfo.pagesize;
      this.currentPageData = this.goodsList.slice(begin, end);
    },
    //根据查询条件获取当前页商品数据信息
    getGoodsList() {
      let goods = JSON.parse(localStorage.getItem("goodsList"));
      //如果有查询条件，则筛选符合条件的数据
      this.goodsList = this.queryInfo.query
        ? goods.filter((item, index) => {
            for (let key of Object.keys(item)) {
              if (
                key != "goods_id" &&
                item[key].toString().indexOf(this.queryInfo.query) != -1
              ) {
                return item;
              }
            }
          })
        : goods;
```

```
    //总的商品数量
    this.total = this.goodsList.length;
    this.setCurrentPageData();
  },

  //当显示条数发生改变时
  handleSizeChange(newSize) {
    this.queryInfo.pagesize = newSize; //重新赋值每页显示条数
    this.setCurrentPageData();
  },

  // 当页码发生变化时
  handleCurrentChange(newPage) {
    this.queryInfo.pagenum = newPage; //重新赋值页码数
    this.setCurrentPageData();
  },

  // 监听【删除】按钮的单击事件
  deleteById(id) {
    this.$confirm("即将删除商品, 是否继续?", "警告⚠", {
      confirmButtonText: "确定",
      cancelButtonText: "取消",
      type: "warning",
    })
      .then(() => {
        let goodList = JSON.parse(localStorage.getItem("goodsList"));
        let index = 0;
        for (let i = 0; i < goodList.length; i++) {
          if (goodList[i].goods_id == id) {
            index = i;
            break;
          }
        }
        goodList.splice(index, 1);
        localStorage.setItem("goodsList", JSON.stringify(goodList));
        this.$message.success("删除成功!");
        this.getGoodsList();
      })
      .catch(() => {
        this.$message({
          type: "info",
          message: "已取消删除",
        });
      });
  },

  // 监听【添加商品】按钮的单击事件, 跳转到新的页面
  goAddpage() {
    this.$router.push({
      path: "/goodsAdd",
      query: { title: "新增", goods: null },
```

```
      });
    },
    // 监听【编辑】按钮的单击事件，跳转到新的页面
    goEditpage(item) {
      this.$router.push({
        path: "/goodsAdd",
        query: { title: "编辑", goods: item },
      });
    },
  },
};
export default goodsList;
```

10.6.2 商品维护

1. 页面 HTML 设计

商品维护包括商品的编辑和新增两个功能。使用 element-ui 的 form 表单组件录入信息，编辑和新增采用同一个页面，根据路由传参来区分页面。

```html
<template id="goods-add">
  <div>
    <!-- 卡片视图 -->
    <el-card>
      <div slot="header" class="clearfix">
        <span>{{title}}商品</span>
      </div>
      <el-form
        :model="addForm"
        :rules="addFormRules"
        ref="addFormRef"
        label-width="100px">
        <el-form-item label="商品名称" prop="goods_name">
          <el-input
            v-model="addForm.goods_name"
            placeholder="请输入商品名称">
          </el-input>
        </el-form-item>

        <el-form-item label="商品价格" prop="goods_price">
          <el-input
            type="number"
            v-model="addForm.goods_price"
            placeholder="请输入商品价格">
          </el-input>
        </el-form-item>
        <el-form-item label="商品数量" prop="goods_number">
          <el-input
            type="number"
            v-model="addForm.goods_number"
            placeholder="请输入商品数量">
```

```
    </el-input>
  </el-form-item>
  <el-form-item label="商品分类" prop="goods_cat">
    <el-cascader
      v-model="addForm.goods_cat"
      :options="cartlist"
      :props="cateProps"
      @change="handleChange">
    </el-cascader>
  </el-form-item>
  <el-form-item label="商品详细描述" prop="goods_introduce">
    <el-input
      v-model="addForm.goods_introduce"
      :rows="8"
      placeholder="请输入内容"
      type="textarea">
    </el-input>
  </el-form-item>
  <el-form-item>
    <el-button type="primary" @click="add">立即保存</el-button>
    <el-button @click="cancel">取消</el-button>
  </el-form-item>
      </el-form>
    </el-card>
  </div>
</template>
```

2. 页面路由功能实现

页面路由相关代码写在 router/index.js 文件中，创建文件并编写代码如下。

```
//引入组件
import goodsList from "../component/goods-list.js";
import goodsAdd from "../component/goods-add.js";
import home from "../component/home.js";
//设置路由
Vue.use(VueRouter);
let originPush = VueRouter.prototype.push;
//因为路由重复单击会报错，所以此处重写路由 push 方法
VueRouter.prototype.push = function (target, resolve, reject) {
  if (resolve && reject) {
    originPush.call(this, target, resolve, reject);
  } else {
    originPush.call(
      this,
      target,
      () => {},
      () => {}
    );
  }
};
const router = new VueRouter({
  routes: [
    {
```

```
    //重定向到 home 页面
    path: "/",
    redirect: "/home",
  },
  {
    path: "/home",
    component: home,
    meta: {
      title: "首页",
    },
  },
  {
    path: "/goodsList",
    component: goodsList,
    meta: {
      title: "商品列表",
    },
  },
  {
    path: "/goodsAdd",
    component: goodsAdd,
    //接收路由参数，并通过 props 传到相应的组件
    props(router) {
      return { ...router.query, ...router.params };
    },
  },
  ],
});
//暴露路由信息
export default router;
```

3. 编辑和新增功能实现

编辑和新增功能的代码写在 component/backstageManage/goods-add.js 文件中，创建文件并编写代码如下。

```
const goodsAdd = {
  //找到页面 id 为 goods-add 的模板信息
  template: "#goods-add",
  //路由传入的参数
  props: ["title", "goods"],
  data() {
    return {
      // 添加商品的表单数据对象
      addForm: {
        goods_id: "", //id
        goods_name: "", //商品名称
        goods_price: 0, //价格
        goods_number: 0, //数量
        goods_cat: [], //商品所属的分类
        goods_introduce: "", // 商品的详情描述
      },
      //输入框的预校验规则
      addFormRules: {
```

```
      goods_name: [{ required: true, message: "必填项", trigger: "blur" }],
      goods_price: [{ required: true, message: "必填项", trigger: "blur" }],
      goods_weight: [{ required: true, message: "必填项", trigger: "blur" }],
      goods_number: [{ required: true, message: "必填项", trigger: "blur" }],
      goods_cat: [{ required: true, message: "必须项", trigger: "blur" }],
    },
    //商品分类列表
    cartlist: [],
    // 级联选择器的配置项
    cateProps: {
      value: "cat_name", //指定选中的值 id
      label: "cat_name", //指定看到的值名字
      children: "children", //指定父子节点的嵌套属性
      expandTrigger: "hover", //触发下一级菜单的方式
    },
  };
},
created() {
  //请求获取分类信息
  axios.get("/static/cartlist.json").then((res) => {
    this.cartlist = res.data;
  });
  //根据路由传来的参数判定是新增还是编辑
  this.addForm = this.goods ? this.goods : this.addForm;
},
methods: {
  //随机生成 ID
  generateId() {
    const s = [];
    const hexDigits = "0123456789abcdef";
    for (let i = 0; i < 36; i++) {
      s[i] = hexDigits.substr(Math.floor(Math.random() * 0x10), 1);
    }
    s[14] = "4";
    s[19] = hexDigits.substr((s[19] & 0x3) | 0x8, 1);
    s[8] = s[13] = s[18] = s[23] = "-";
    const uuid = s.join("");
    return uuid;
  },
  //级联选择器选中项变化，会触发这个函数
  handleChange() {
    if (this.addForm.goods_cat.length !== 2) {
      this.addForm.goods_cat = [];
    }
  },
  // 监听【添加商品】按钮的单击事件
  add() {
    // 进行预校验
    this.$refs.addFormRef.validate((valid) => {
      if (!valid) {
        return this.$message.error("请填写必要的表单项！");
      }
```

```
let goodList = JSON.parse(localStorage.getItem("goodsList"));
//编辑
if (this.addForm.goods_id) {
  let index = 0;
  for (let i = 0; i < goodList.length; i++) {
    if (goodList[i].goods_id == this.addForm.goods_id) {
      index = i;
      break;
    }
  }
  goodList.splice(index, 1, this.addForm);
  localStorage.setItem("goodsList", JSON.stringify(goodList));
  this.$message.success("修改商品成功！");
  this.$router.push("/goodsList");
} else {
  //新增
  this.addForm.goods_id = this.generateId();
  goodList.push(this.addForm);
  localStorage.setItem("goodsList", JSON.stringify(goodList));
  this.$message.success("添加商品成功！");
  this.$router.push("/goodsList");
}
    });
  },
  cancel() {
    //取消添加，回到商品列表页面
    this.$router.push("goodsList");
  },
  },
};
//暴露组件
export default goodsAdd;
```

任务 10.7　项目测试与总结

10.7.1　项目测试与运行

在项目的 index.html 页面右击，选择"命令"→"Open with Live Server"菜单项，将自动启动服务并打开默认浏览器运行项目。

10.7.2　项目总结

本项目综合应用相关知识实现了一个功能较为完善的电子商务系统，全面复习了 Vue、Vuex、vue-router、Axios 的相关知识点，对通用插件 element-ui 进行了全面应用，对 Vue 数据绑定进行了较为复杂和完善的应用，升华了知识点讲解，针对典型知识点给出了实际应用范例，完整实践了软件项目开发的全过程，通过学习该项目能够全面训练软件系统开发能力。

模块小结

本模块基于 Vue，结合 element-ui 开发了一个实用电子商务系统。element-ui 是企业在用的 PC 项目开发插件，是优秀的前端开发 UI 库。本模块实现了网站开发中后端的数据管理和前端的数据展示两部分内容，是使用 Vue 和 elelment-ui 开发的实用、完整项目的示范。项目由企业工程师开发，遵循企业项目规范，对工程实践有一定的指定作用，能够训练学生的职业岗位能力，培养职业素养，工作任务与知识点思维导图如图 10-13 所示。

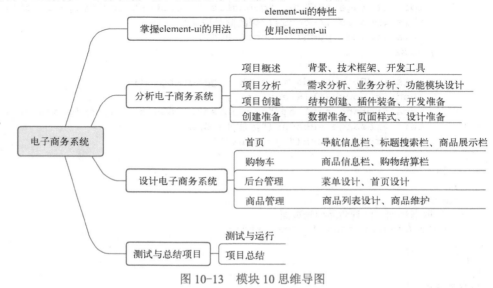

图 10-13　模块 10 思维导图

习题 10

1. 简述 Vue 常用的 UI 组件库。
2. 简述 element-ui 的特性。
3. 简述 element-ui 的用法。
4. 简述项目分析的内容和步骤。
5. 参考电子商务系统项目分析编写一个实训课题的项目分析。
6. 参考电子商务系统功能模块设计编写一个实训课题的功能模块设计。
7. 简述项目的测试与调试方法。
8. 总结项目文档的内容。
9. 总结代码注释的原则。
10. 总结项目开发的步骤及注意事项。

实训 10

参考商品管理模块，结合本书前面的工作任务，为系统设计一个用户管理模块。

附录

附录 A CSS 过渡

过渡能够在给定的时间内平滑地改变元素的属性值，因此，给元素设置过渡属性能够实现动画的效果。定义一个过渡有两个必要要素，即过渡要改变的元素 CSS 属性和效果的持续时间。

1．transition-property 属性

CSS 使用 transition-property 属性规定元素应用过渡效果的属性名称，有以下取值。

- none：没有属性会获得过渡效果。
- all：默认值，所有属性都将获得过渡效果。
- property：规定元素应用过渡效果的属性名称列表，列表中各项以逗号进行分隔。

2．transition-duration 属性

CSS 使用 transition-duration 属性规定元素完成过渡效果需要花费的时间。取值为以秒或毫秒为单位的数值。默认值 0 表示没有过渡效果。

3．transition-timing-function 属性

CSS 使用 transition-timing-function 属性规定元素过渡效果的速度曲线。取值及含义如下。

- linear：规定以相同速度开始至结束的过渡效果，等于 cubic-bezier(0,0,1,1)。
- ease：规定慢速开始，然后变快，然后慢速结束的过渡效果，相当于 cubic-bezier(0.25,0.1,0.25,1)，是默认过渡时间函数。
- ease-in：规定以慢速开始的过渡效果，相当于 cubic-bezier(0.42,0,1,1)。
- ease-out：规定以慢速结束的过渡效果，相当于 cubic-bezier(0,0,0.58,1)。
- ease-in-out：规定以慢速开始和结束的过渡效果，相当于 cubic-bezier(0.42,0,0.58,1)。
- cubic-bezier(n,n,n,n)：在 cubic-bezier 函数中自定义速度曲线。

4．transition-delay 属性

CSS 使用 transition-delay 属性规定元素过渡效果开始之前需要等待的时间，取值为以秒或毫秒为单位的数值。默认值 0 表示过渡立即开始。

5．过渡属性简写

CSS 用 transition 属性将 4 个过渡属性简写为单一属性，一般按照过渡涉及元素属性名、过渡完成花费时间、时间曲线、过渡延迟时间的顺序依次设置属性值。例如，设置一个针对元素宽度属性用 2s 完成过渡效果的代码如下。

```
transition: width 2s;
```

可以对元素的多个属性分别设置过渡的效果，过渡列表用逗号进行分隔。例如，设置一个针对元素宽度属性用 2s 完成、高度属性用 3s 完成的过渡效果的代码如下。

```
transition: width 2s, height 3s;
```

附录 B　CSS 动画

与过渡一样，CSS 动画能够使元素逐渐从一种样式平滑变为另一种样式，可以更改任意数量的元素属性。但是，相较于 CSS 过渡，动画使用关键帧可以为元素指定若干时间点的样式，而过渡只规定开始和结束两个时间点的样式，动画能够实现的效果更为丰富，能够取代图像动画、Flash 动画以及 JavaScript 在网页中实现的动画效果，应用更为广泛。

1．@keyframes 规则

CSS 使用@keyframes 规则创建动画关键帧，每一个时间节点一个样式，由若干时间节点的若干样式组成动画的帧。创建语法格式如下。

```
@keyframes animationname {keyframes-selector {css-styles;}}
```

参数 animationname 定义动画的名称。

参数 keyframes-selector 定义动画的时间节点，是时间节点选择器，取值为时长的百分比数值，取值范围为 0%～100%。0%是动画的开始，100%是动画的结尾。为了得到最佳的浏览器效果，应该始终定义 0%和 100%选择器。

参数 keyframes-selector 也可以取 from（等于 0%）与 to（等于 100%）两个值作为时间节点选择器，如果仅设置这两个时间节点，动画效果等同于过渡。

参数 css-styles 定义一个或一组合法的元素样式属性。

2．动画属性

（1）animation-name属性

CSS 使用 animation-name 属性规定绑定到元素的@keyframes 规则的名称。该属性必须设置，否则没有动画效果。

（2）animation-delay 属性

CSS 使用 animation-delay 属性定义动画何时开始，取值为以秒或毫秒为单位的数值。允许负值，负值使动画马上开始，但是跳过数值规定时长的动画。正值定义动画开始前等待的时长，默认值 0 表示立即开始播放动画。

（3）animation-timing-function属性

CSS 使用 animation-timing-function 属性定义动画的速度曲线。即动画从一套元素样式变为另一套元素样式所用的时间，用于使变化更为平滑。取值及含义同过渡中关于速度曲线的定义（transition-timing-function 属性），鉴于篇幅省略。

（4）animation-iteration-count 属性

CSS 使用 animation-iteration-count 属性定义动画的播放次数，取值及说明如下。

- n: 定义动画播放次数的整型数值。
- infinite: 规定动画无限次播放。

（5）animation-direction 属性

CSS 使用 animation-direction 属性定义动画的播放方向，取值及说明如下。

- normal: 默认值，动画正向播放，每个循环内动画向前循环，即动画循环结束重置到起点重新开始。
- alternate: 动画交替正反向播放。即动画在奇数次数正向播放，在偶数次数反向播放。反向播放时，动画按步后退，带时间功能的函数也反向，如 ease-in 在反向时成为 ease-out。
- alternate-reverse: 动画反向交替正反向播放。与 alternate 属性值相反，奇数次数反向播放，偶数次数正向播放。

（6）animation-play-state 属性

CSS 使用 animation-play-state 属性规定动画的状态，取值及说明如下。

- paused: 规定动画暂停。
- running: 规定动画播放。

（7）animation-duration 属性

与过渡 transition-duration 属性类似，规定动画完成一个周期所需要的时间，取以秒或毫秒为单位的整型值。

（8）animation-fill-mode 属性

CSS 使用 animation-fill-mode 属性规定元素动画时间之外的状态，指定在动画执行之前和之后如何给动画的目标元素应用样式，取值及说明如下。

- none: 动画执行前后不改变任何样式。
- forwards: 目标保持动画最后一帧的样式。
- backwards: 目标使用动画第一帧的样式。
- both: 目标执行 forwards 和 backwards 的动作。

（9）animation 属性

CSS 使用 animation 属性简写动画属性，用单一属性设置动画 animation-name、animation-duration、animation-timing-function、animation-delay、animation-iteration-count 和 animation-direction 六个属性的值。语法格式如下。

```
animation: name duration timing-function delay iteration-count direction;
```

不一定要设置全部的 6 个属性值，可以仅设置部分属性值，其中 animation-name 和 animation-duration 两个属性必须设置，其余属性可以使用默认值。

参 考 文 献

[1] 黑马程序员．Vue.js 前端开发实战[M]．北京：人民邮电出版社，2020．

[2] 刘培林，汪菊琴．HTML+CSS3+jQuery 网页设计案例教程[M]．北京：电子工业出版社，2021．